数字媒体交互设计

张　弛　◎著

陕西新华出版
陕西科学技术出版社
Shaanxi Science and Technology Press
西　安

图书在版编目（CIP）数据

数字媒体交互设计/张弛著.--西安：陕西科学技术出版社，2024.12.—ISBN 978-7-5369-9020-3
Ⅰ.TP37
中国国家版本馆CIP数据核字第2024RY7124号

数字媒体交互设计
SHUZI MEITI JIAOHU SHEJI
张弛 著

责任编辑 黄鹤
封面设计 了然文化

出 版 者 陕西科学技术出版社
西安市曲江新区登高路1388号陕西新华出版传媒产业大厦B座
电话（029）81205187 传真（029）81205155 邮编710061
http：//www.snstp.com
发 行 者 陕西科学技术出版社
电话（029）81205180 81206809
印 刷
规 格 700mm×1000mm 16开本
印 张 10.25
字 数 175千字
版 次 2024年12月第1版
2024年12月第1次印刷
书 号 ISBN 978-7-5369-9020-3
定 价 58.00元

前　言

在信息技术飞速发展和体验经济的大潮下，数字媒体作为人类创意与科技相结合的新兴产物，已逐渐成为产业未来发展的驱动力和不可或缺的能量。数字媒体的发展通过影响消费者行为，深刻影响着各个领域的发展，消费业、制造业、文化体育和娱乐业、教育业等都受到来自数字媒体的强烈冲击。同时，数字媒体产业的迅猛发展，催生并促进了数字媒体交互设计行业的发展。

数字媒体的交互设计是一种使交互产品易用度提高或使人机之间进行有效沟通的技术，它也是使数字产品拥有更流畅、更易操作和更美观实用的交互界面，给用户带来更愉悦轻松的产品体验，努力为用户营造美好视觉体验的艺术。近几年，数字媒体交互设计渐渐成为企业从激烈的商业竞争中脱颖而出的重要手段和推广方式，这也使用户体验设计变得更具战略意义。然而，学习并应用数字媒体交互设计是具有一定挑战性的，这是因为数字媒体交互设计涉及工业设计、信息设计、认知心理学、人机工程学等领域。对于设计师来说，除了需要进行长期的基本技能训练之外，还需要注重设计思维的培养，需要付出较大的学习成本。

本书在阐述数字媒体交互设计理论的基础上，论述了数字媒体交互设备，探讨了数字媒体交互设计方法、交互元素细节设计及整合思路，同时对交互设计中的情感加以阐述，最后具体研究了交互界面设计、人机交互设计。本书力求在内容上体现科学性、实用性和可操作性，在实践创作上具有指导作用，使读者能深入理解交互设计的理念，掌握好各种设计方法和应用技能，最终帮助读者提升设计能力。

目　　录

第一章　数字媒体交互设计概述 ……………………………1

第一节　认识数字媒体交互设计 ……………………………1

第二节　数字媒体交互设计的发展历程 ……………………15

第三节　数字媒体交互设计的应用场景 ……………………16

第二章　数字媒体交互设备 ……………………………23

第一节　输入设备 ……………………………23

第二节　输出设备 ……………………………28

第三节　三维辅助设备 ……………………………30

第三章　数字媒体交互设计方法 ……………………………32

第一节　以用户为中心的设计 ……………………………32

第二节　以活动为中心的设计 ……………………………42

第三节　以目标为导向的设计 ……………………………48

第四章　数字媒体交互元素细节设计及整合思路 ……………55

第一节　交互元素视觉系统设计 ……………………………55

第二节　交互元素听觉系统设计 ……………………………87

第三节　交互元素设计的整合思路 ……………………………92

第五章　数字媒体交互设计中的情感 ……………………………95

第一节　交互设计中的情感化趋势 ……………………………95

第二节　交互设计中的情感运用 ……………………………99

第六章　数字媒体交互界面设计 ……114

第一节　交互界面设计基础 ……114

第二节　网页端交互界面设计 ……129

第三节　移动端交互界面设计 ……142

参考文献 ……155

第一章　数字媒体交互设计概述

第一节　认识数字媒体交互设计

从计算机端到移动端，再到语音交互、手势交互，数字媒体交互设计已经被广泛地应用在人们日常生活的各个方面。随着科技的发展，数字媒体交互设计的应用会日益旺盛。

一、数字媒体交互设计的概念

（一）认识数字媒体

数字媒体是以数字化的方式记录、处理、传播、获取信息的媒介，如数字书刊、数字广播、数字电视、数字影像、网页、手机应用、触摸媒体等。信息数字化的发展推动了数字媒体的形成和发展，改变了人们认知世界的方式，使人们的社会行为发生了改变。共享经济、互联网+、大数据、移动支付、人工智能等不断涌现的新兴事物，不仅改变了设计的方式，而且还改变了人们的生活习惯，改变了人们的行为认知。信息技术与数字媒体的紧密结合，使信息的形态、传播方式及传播理念都发生了巨大的改变。例如，移动支付减少了钱包的使用；智能门锁可替代钥匙，减少了钥匙丢失的尴尬和麻烦；文件的云存储和编辑不仅节约环保，还提高了工作效率。[①]

（二）什么是交互设计

交互设计是新媒体艺术的一个重要分支，交互设计是由世界知名设计咨询公司IDEO的一位创始人比尔·摩格理吉在1984年最先提出的，研究人机之间的交互界面设计，后来更名为“Interaction Design”，缩写为IXD。交互设计让设计产品更符合人们日常的生活使用习惯，让产品更好用，使用起来更有趣，是能给使用者带来更大愉悦感的设计研究领域。

①张靖瑶.数字媒体交互设计[M].北京：人民邮电出版社，2023：3.

（三）什么是数字媒体交互设计

数字媒体使信息以数字化的方式进行传播，突破了时空的限制，实现了人与信息的交流互通。连接信息与人的交互行为和方式是数字媒体最具有魅力的方面。数字媒体交互设计是关于用户行为的设计，是对人与机器之间的行为逻辑进行定义，从而使人能够获得愉悦的体验的设计。数字媒体交互设计关注的重点是数字媒体中交互行为的设计，交互是日常生活中普遍存在的行为，当人与物体之间产生关系时，交互的行为就会发生。

交互设计行为的逻辑关系决定着最后的结果，行为逻辑的先后顺序会使结果截然不同。例如，在日常生活中，为什么时常会出现银行卡被遗留在ATM提款机的情况？下面仔细分析取款时人与ATM提款机发生交互行为的逻辑顺序：第一步将银行卡插入提款机中；第二步在ATM提款机的屏幕中输入取款密码；第三步输入取款的金额；第四步等待提款机“吐出”现金；第五步取走现金；第六步退出系统，取走卡片。

这6个步骤就是用户完成整个取款行为的过程。由于用户使用提款机的目的就是通过与提款机间的互动实现取款，当行为到达第五步时，取款这个目标就已经实现了，所以当用户使用ATM提款机的目标提前实现时，则退出系统，取出卡片的步骤就容易被遗忘。

对交互过程进行设计，能够有效地减少问题的发生，降低出错的概率。试想下，将第五步与第六步的顺序进行调换，是不是可以有效降低银行卡被遗留于ATM提款机的概率？因为用户的使用目标还没有实现时，通常是不会中途离开的。交互设计就是对人与机器之间交互的行为过程进行设计，设计者要以用户需求为中心，了解用户的心理和行为特点，架构起用户与产品、与服务之间的桥梁。

（四）数字媒体时代交互设计的特征

数字媒体交互设计的特征，主要体现在交互空间的虚拟化、交互界面的多元化，以及交互对象的人人化3方面。

1.交互空间虚拟化

得益于数字媒体技术的大力发展，虚拟现实技术、全息影像互动技术，以及增强现实技术等的出现，给使用者提供了一个新鲜的虚拟空间。数字媒体时代，人们不仅可以在真实的世界中生活和交流，也可以在技术营造的虚拟空间中获取信息和互动。

如今，人们已经可以利用计算机技术、传感与测量技术、仿真技术、微电子技术等现代科学技术手段，创建一个能让人进入并操作的虚拟场景，这就是虚拟现实技术。除了虚拟现实技术以外，3D全息影像互动技术也以其逼真的物品立体展示方式和摆脱屏幕的操作方式，给人们带来了全新的感官体验和交互方式。另外，在虚拟现实基础上发展起来的增强现实技术，利用摄像头、传感器、实时计算和匹配技术，让虚拟的主体能够突破空间和时间的限制，出现在真实客观的环境中，给人带来前所未有的真实与虚拟交错的体验。

伦敦的一个光影互动装置作品——冰之天使“Ice Angel”，从西方的神话传说中获得创意灵感，在人们的脑海中想象的天使形象是长着羽毛翅膀的上天使者。该装置意图让人们都能够看到自己天使的一面，表达的一个核心理念是：人人都拥有天使般的一面，人人都是天使。当用户站在该装置前，屏幕画面中用户的形象就变成了扇动着翅膀的天使。这是因为该装置利用数字技术将人的双臂运动进行实时捕捉，当人们的胳膊开始运动时，电脑里的数据也会随之变化，输出到屏幕上的翅膀也就会随之挥动起来。该艺术装置具有定制功能的传感跟踪应用程序：该软件在标准人体比例参数的技术上，通过跟踪人的头部的高度，他们的手的距离和高度，生成最符合真实姿态的人体骨骼运动姿态。

2.交互界面多元化

交互界面是进行交互行为的重要组成部分，是人和计算机间互相输入、输出信息的重要媒介。最普遍的交互界面是以电脑为主的显示器呈现，并且需要使用和显示器相连的鼠标、键盘来进行操作。但随着数字媒体技术的发展，交互界面也变得更为多元化，以往那种以鼠标点击交互为主的交互界面，逐渐被更为便携的手机、平板电脑等可移动设备所取代，并且鼠标点击交互方式也逐渐向着多点触摸交互和体感交互等输入方式发展。

以最具代表性的iPhone、iPad为主的苹果产品使得多点触摸交互技术在人群中广泛普及，这使得人们所面对的交互界面不再仅仅限定在PC机上，而是向着更便携的触屏移动设备转移。另外，动作识别、运动跟踪、手势识别、视线跟踪、面部表情识别以及语音识别等技术也催生了体感交互的众多操作方式。早前苹果公司就有关于动作监视型界面的专利，他们开发了可以利用摄像头对用户头部或特定物体的运动进行监视来操作界面的新技术。数字媒体技术让人们可以突破传统的媒介形式，扩展了更多交互界面的形式，并且人们利用身体的各个部位更为自由地控制界面进行交互，也大大增加了交互方式的可能性。

3. 交互对象人人化

数字媒体时代科技的发展使我们有了更为广阔的交互空间和更为多元的交互界面，互联网的大力发展也使得人们现在更多地通过与手机等可联网设备的交互来操作媒体，从而完成信息的获取。交互设计在强调功能易用和良好的情感体验的基础上，也越来越注重人与人之间的互动和情感交流，也就是所谓的人人交互，所以未来交互的趋势必将由单纯的人机交互向人人交互发展。

数据交互、图像交互、语音交互、行为交互等人人交互方式正在改变着人们的传统交流方式，让人与人之间能更快更便捷地进行情感的沟通。如Facebook，改变了我们人际交往的方式，让人们和多年断了联系的老友重新建立了联系，并且通过朋友圈子的分析给人们推送更多可能发生的人际交往，让我们与之前相比能和更多的人建立人际关系。除此之外，面向多用户的交互设备和技术让人与人交互更加直观。人们可以借助支持多用户操作的交互设备面对面互动，完成信息的互通和情感的交流。

二、数字媒体交互设计流程

交互设计的应用领域不同，表现形式各异，设计重点也各有侧重。那么对于设计师来讲，该如何着手进行交互设计创作呢？不同类别的交互设计创作流程可以一致吗？

虽然数字媒体交互设计表现形式多样，但作为交互设计师，除了要一直保持创新精神，培养综合创作能力，还要能透过现象看本质，找到一些共同的创作方法与创作流程，在此笔者仍然推荐参照Jesse James Garrett提出的非常有效的用户体验五要素来指导数字媒体交互设计创作流程。

Jesse James Garrett提出的用户体验五要素最初是一个可以检验用户对产品体验感的流程。这个流程虽然更侧重在用户体验上，但设计师们慢慢发现这五大要素也非常适合数字媒体交互设计的基本创作流程，可以用来指导数字媒体交互产品设计流程。唯一不同的是用户对产品的体验过程是由具体到抽象的过程，而设计师在进行产品设计时则是从抽象到具体的反过程，下面就依据这个顺序，来梳理一下交互设计的整个设计流程，并依次完成MRD（market requirement document）市场需求文档、BRD（business requirement document）商业需求文档和PRD（product requirement document）产品需求文档的编写工作。

（一）战略层

这一层要搞清楚为什么要设计这个数字媒体交互产品？这也是市场需求文档和商业需求文档的主要内容。

主题选择：对项目的大方向进行概括性分析，可以采用思维导图的方法，对主题进行思维拓展，寻找一个较清晰的预期研究方向与脉络。

市场分析：根据预期研究的选题，对当前市场的基本情况进行调查，可采用现场走访、发放问卷或查阅数据等方法，了解市场产品的现状，有没有其他竞品，对方的优势与缺点等信息。

用户调查：了解产品的服务对象，采用情景调查的方法，掌握这些用户的基本特征，厘清要通过交互作品帮助用户解决什么问题，用户痛点又在哪里，产品最终要达到的目标是什么。

商业价值：厘清产品的商业价值、社会价值，还应该考虑是否会产生一些间接价值等。

风险评估：预测项目可能会产生的风险，提前制定一些预防措施来尽可能地避免风险的发生，同时也应针对风险准备好应对策略。

项目实施计划：计划项目整体实施的时间，并做详细的项目推进时间表。

在项目实践中，数字媒体交互设计项目选题通常可分为指定命题或自主命题。指定命题是指主题已确定，设计师只需要围绕选题展开设计之旅。而实际上，目前大部分交互艺术项目都是自主命题，如果有委托方，委托方通常会给一个设计目标，比如宣传某一个产品或服务，然后由设计师考虑用什么主题对项目进行包装、整合，就像广告设计一样，宣传的主题需要设计师进行考虑，之所以自选主题成为主流，主要还是由于数字媒体交互设计的表现形式多样，技术与设计方法也日新月异，委托方往往没有一个非常明确且清晰的预想效果，所以很多时候都将主题的选择权交给设计师，只要完成最终的宣传目标就可以了。当然很多时候是在没有委托方的情况下，企业或个人选择有市场价值和社会意义的新项目进行自主创作。众所周知，数字媒体交互设计是一个非常适合创新、创业的设计领域，很多取得巨大成功的设计形态和商业模式都出自这个设计领域，所以很多创业团队也在苦苦探寻符合市场需求的、有商业前景的主题进行新产品开发，选择一个正确的主题是项目成功的重要条件。对于自主命题，设计师虽然拥有了更大的创作自由，但同时也要承担巨大风险，因为一旦出现选题偏差，就会导致后面所有工作前功尽弃。而一个好的交互设计项目选题就如同埋藏在地下的富矿，虽然稀少，但蕴含着巨大的财富。

那么如何进行项目选题呢？经过对目前市场上成功项目的归纳总结，我们发现选题虽然看似天马行空，有人做电子支付、有人做共享经济、有人做社交平台，但成功的选题还是有章可循的，它们无不围绕社会和民生展开，特别是在某些传统领域，以往的方法无法解决的问题，数字媒体交互设计往往会打破藩篱，开辟出一条全新的康庄大道。总结下来，比较成功的交互项目选题主要围绕3条主线展开：社会发展、经济生活和介于两者之间的民生热点。

社会发展方面，数字媒体技术打破了时间与空间的界限，让世界变成了小社会，世界各地的人民都会非常关心环境保护议题，会珍惜现在的和平生活，会时刻警惕战争的威胁。同样为了让世界变得更加温暖，全世界的人们也都会更加关注弱势群体保护等话题。以上这些都是人类文明永恒不变的主题。

环境保护：每一次环保事件都能引起社会巨大反响，可见环境保护是社会发展过程中最容易引起大众关注和情感表达的主题之一，也一直是数字媒体交互设计师的创作首选题材。环保主题信息素材丰富，主旨简单易懂，容易引起参观者的共鸣，特别适合公共艺术展览。新媒体交互装置《入侵》就是此类主题的代表作，装置把人类与自然的进退关系通过互动的形式表现出来，一个投射影像的半球状穹顶把参观者带入一个既虚幻又真实的自然空间，当越来越多的人群走进这片世外桃源并频繁活动时，原本安静祥和的大自然就会被人类所打扰，乃至最终走向毁灭。

和平与战争：和平与战争也是面向全人类的主题，我们国家近几十年都国泰民安，但当我们把视线看向外面，会发现这个世界很多地方还远离和平。保护和平、拒绝战争是符合全人类的世界观，这一主题的交互作品也很容易引起民众的共鸣。所以现在很多面向年轻人的游戏类交互项目都会选择这一主题，让年轻一代在娱乐中也都能得到正向的教育和引导。

弱势群体：维护弱势群体的权益是社会文明的重要体现，也是展现人文关怀的重要渠道。随着经济的快速发展，我国已进入物质较丰富的社会主义阶段，正从二元制城乡分隔向城乡一体化迈进，城市人口的快速攀升一方面加快了经济的发展，但同时也出现了不少的社会管理问题，比如城市楼宇里的独居老人问题，以往邻里街坊的熟人式管理方法很难适应现在的居住模式，需要我们探索一条更适合当前社会发展的道路来解决这些亟待解决的问题。而交互媒体自助服务的特点正好可以应对这些困境，交互设计师可以尝试运用交互媒体去建立并运行全新的社会化管理机制，提供更人性化的服务，比如为独居老人开通更安全有效的社会化安全管理系统；用交互设计建立一个更公开透明的社区自助慈善系统来为需要帮助的弱势群体解决困难。数字媒体交互设计不仅可以应用在美术、广告、影像等视觉传播的领域，在社会系统化管理方面也有无限的发展潜力。

在经济生活方面，当我们把视角从人类、民族和社会转回我们每一个社会个体的时候，柴米油盐的经济生活是与每一位居民都密切相关的根本议题，这里所说的经济生活包括商业宣传、休闲娱乐以及生活品质等方面。

商业宣传：商业宣传是经济生活的重要环节，特别是近年数字媒体的广泛应用，让公共传播媒介发生了本质变化，发布成本更低，针对人群更强，发布方式更多样，宣传效应更显著。而其中的交互媒体更以其生动、有趣成为当前重要的商业宣传媒介。现在，用数字媒体交互设计进行商业宣传的项目越来越多，交互设计师也在不断开发新的技术与表现方法来适应市场的需要。

休闲娱乐：随着国内生产总值的不断提高，休闲娱乐在人民生活中的比重越来越高，随着数字影视、电子游戏等产业的飞速发展，VR、AI等新技术日新月异，各方对交互媒体的需求与日俱增，各种全新的商业应用和产业空间也在不断发展壮大。

生活品质：除了宣传和娱乐等用途外，数字媒体交互设计更为广大民众的生活品质带来巨大的变革。智能家居、智能健康设备等已慢慢进入寻常百姓家。智能摄像头、智能体重秤、智能手环等产品已经成为华为、小米等企业发展的又一重要力量。而随着5G的迫近，基于移动终端的智能家居类物联网产品更会有一个井喷式的发展。交互智能产品几乎没有原型可供参考，唯一的共同特点就是创新，创新的数字媒体交互产品在给民众带来高品质生活的同时，也为交互设计应用领域开辟出更广阔的发展空间。

当然，除了社会发展与经济生活外，在选择交互项目主题时也应该把重点放在更紧迫、更受关注的民生热点问题上面，教育、医疗和养老等主题一直是民众最关心的热点话题。这三大热点无论对于个人、社会还是国家，都是至关重要的，它们和个人的幸福感、安全感和获得感息息相关，更关系到整个社会的安定团结。

教育：十年树木百年树人，中国一直是一个崇尚教育的国家，在教育投入上毫不吝啬，所以居民的教育需求一直非常大。随着信息化技术的飞速发展，这几年教育方式也发生了根本的转变，通过网络学习的占比越来越高，形式多样的在线教学交互平台也应运而生，通过网络交互平台进行自主学习不仅给每个公民提供了更公平丰富的学习途径，更为未来教育的变革提供了渠道和路径。

医疗：和教育一样，近几年，基于数字媒体交互技术的医疗相关服务产业迅速崛起，如网上问诊、在线挂号甚至远程手术等如雨后春笋般快速发展起来，促进了全民医疗水平提升与资源平等共享。另外，各种交互家用医疗产品，如智能血压计、体重秤、数字体液快速检测仪及与它们配套的App也不断面世，逐渐向全套家居自助医疗检测与健康管理系统迈进，这也成为近年医疗市场主要的发展方向之一。数字媒体交互技术在医疗领域的完美介入，改善了居民不良的生活习惯，提升了居民健康管理意识，减轻了社会医疗压力，让更多人享受到优质的医疗资源。所以说交互医疗这个选题不仅有很高的商业价值，也有很好的社会意义。

养老：全世界都敲响了人口老龄化的警钟，要解决老龄化问题是需要全民动员的，国家、政府、民间特别是居民自己都要去想方设法寻找更适合的方法，以缓解老龄化带来的一系列社会问题。目前，传统的设计方法与社会管理手段在面对如此庞大的人口基数时都有些力不从心，而数字媒体交互设计的优势则可以在传统解决手段乏力的情况下，借助新技术来帮助老人进行更好的自我管理、精神抚慰、互帮互助，也可为政府和社会提供更高效的管理、监护等解决方案。可见这个交互设计选题对于国家、民族和个人都具有重要的意义。

（二）范围层

战略层主要研究数字产品的设计目标，而范围层则是要将设计目标落地，让它具体化，也就是研究要设计什么样的产品，要把哪些主要功能放到产品里。

市场需求文档和商业需求文档都是战略层要完成的任务，在范围层中则要确定项目的主目标，并进行精细化分析，对主要功能进行反复推敲筛选，最终把产品需求明确罗列出来，完成产品需求文档的编写。

1.需求分析

对产品的核心概念设计进行详细描述，可以用概念示意图来进行表述。

2.用户分析

对受众人群特点进行科学的分析是进行交互界面设计的基础，只有了解用户是什么样的人以及其成长经历、文化背景、行为模式、真实的内心需求等相关信息，才能设计出符合受众生理与心理需求的交互产品。比如作品主体受众是儿童，那么在进行设计时就要考虑孩子的身高体重等指标，以满足交互界面设计时的物理台面高度、形态以及交互的逻辑方式，以适应不同年龄段儿童的使用需求。

3.商业模型

需要对产品的商业模式进行描述，产品如何盈利的，商业运作模式如何。

4.功能列表

把项目目标用功能列表的方式罗列出来，列出产品主体功能关系，并对功能结构里每个重要的功能模块进行解读说明，可以用实例，也可用图表等可视化形式。

5. 其他需求

除了产品的主体功能说明外，在这一层里还应该对产品设计的其他需求进行约束描绘，如整个作品的美术风格、像素、精度等性能需求都可以在这里补充。

（三）结构层

结构层位于用户体验五要素的正中间，是从抽象到具体的中间衔接点。在结构层中将继续完善产品需求文档，把范围层中抽象的功能需求细化成信息架构的搭建和交互功能的规划。技术方案的可行性测试也是需要在结构层完成的工作之一。

1. 信息架构

信息架构是从数据库设计引申来的，最早是创建数据库时建立一些信息字段，如在创建个人信息表时，就要建立多个相关的字段，如姓名、性别、年龄、职业等。后来被两位信息管理专家推广到更广阔的设计结构、组织管理和归类方法层面，便于用户可以快速地查找到他们想要的信息。在数字媒体交互设计中，信息架构主要是研究如何对项目中所使用的信息进行整理、归类、流转等，可以让使用者更快速地在交互产品中理解信息的管理方法，并迅速查找到自己想要的信息。对于不同类型的交互设计产品，其信息架构的表现形式也会因为产品的特点和性质而有所不同。

2. 交互设计

根据用户端的结构进行页面交互设计时，可用低保真的原型图来绘制每个功能页面的基本功能分布，并对交互设计图直接标注，以帮助工程师更好地完成项目制作。

3. 可行性测试

数字媒体交互设计是技术与艺术结合的产物，一个好的想法如果没有可行的技术支持的话也等于纸上谈兵。在项目规划阶段就要做好技术方案的测试工作，有些需要做测试小样出来，以保证所选的解决方案具有绝对的可行性，并且要注意成本和效率问题。数字媒体交互设计中的技术问题主要体现在软件和硬件2个方面，软件方面包括系统架构、算法编程等问题；硬件方面则包含与计算机通信的机电一体化的控制方案等。对于一些较复杂的项目，为了保证项目后期顺利完成，前期的技术测试是必须提前完成的。

（四）框架层

框架层让数字媒体交互设计从抽象完全走向具体，根据上面已经完成的产品需求文档PRD来细化落实项目的每一个细节，对逻辑可视化界面要进行精细化设计，对交互物理界面则要完成全部的硬件功能设计。

细化信息内容与交互方式，按照结构层里已完成的信息架构与交互设计，进一步对其进行终极细化，例如设计捐助页面时，捐助金额单位设置成10元、50元，还是100元为佳？捐助对象按什么方式分类更合理？甚至表单选择是下拉菜单还是列表方式更符合用户使用习惯等问题，都要经过设计师的深入调研后，才能给出最佳解决方案。

（五）表现层

在表现层里，需要完成项目的所有视觉相关设计，如项目的美术风格、配色方案、图形设计等，属于设计师的工作范畴，在框架层的基础上完成作品的高保真页面设计。

交互设计师在进行表现层设计时，需要满足以下2个设计要点。

1.风格统一

在组织设计元素时，较容易出现的问题是所有的元素缺乏统一的标准，比如页面风格不统一，元素的尺寸、色调甚至精度都不统一的问题，这些表现因素虽然是设计的最后环节，但也是最凸显的环节，是项目品质最直观的表现。

2.人性化设计

所有交互界面设计都应满足人性化的需求，比如科技馆的观影空间，从椅背、音响的设计上，营造出一个私密又可交流、不互相干扰的休息与观影的空间环境。

Jesse提出的用户体验的五要素从抽象到具体，符合逻辑思维的习惯，用于数字媒体交互设计流程指导可以很好地让设计师把控交互设计的全过程，具有极强的可操作性。当然交互项目种类繁多，每个项目的开发环境、开发人员组成都不尽相同，在具体设计时，应该根据实际情况适当进行调整，高质量、高效率地完成交互项目的设计工作。

三、数字媒体交互设计心理基础

（一）空间推理能力

推理能力是指处理和理解虚拟情况的能力，通常是指根据一个或几个已知的判断（前提），推导出一个结论的思维过程。例如当人们面对一个新的电视遥控器、访问不熟悉的网站，或尝试一个新的计算机应用时不使用说明书时的理解和使用能力。

空间推理能力是推理能力的一种，是指人们对客观世界中物体的空间关系的反应能力，是人们在头脑中建立空间方位关系的能力。

这种能力在人们到一个陌生的地方，阅读一个不熟悉的城市地图，或者使用导航设施寻找目的地时都非常重要。在这些任务中，用户需要在头脑中对物理环境进行转换、旋转等处理，建立一个自己的认知地图模型，这些过程都需要空间推理能力。

人们在使用某些计算机界面或浏览网站时，同样需要类似的空间推理能力。例如当人们浏览某个层级较深的网站时（如一些大型购物类网站平台），在某个点上，人们需要建立起关于该系统的认知模型或认知地图以了解自己在其中的什么位置。如果用户能够建立起这样的系统模型或地图，就能够帮助用户在各个信息层级中更好地浏览转换。这与现实生活中的空间导向系统试图帮助用户建立起来的空间概念有一定相似之处。空间推理能力在数字媒体交互系统领域对于用户理解产品的信息架构、菜单层级及相互关系有重要的影响。

关于空间推理能力的研究成果也在提醒我们，交互产品的信息架构、菜单层级的设置等应考虑用户的推理能力，特别是对于老年用户。随着年龄增长，空间推理能力逐渐下降，可能是老年人感觉计算机操作困难的一个重要原因，面向老年用户的计算机操作系统理论上应尽可能减少对空间能力的需求。

（二）用户心智模型

1.心智模型的概念

用户心智模型（mental model）：是指存在于用户头脑中的关于一个产品应该具有的概念和行为的知识。这种知识可能来源于用户以前使用类似产品的经验，或者是用户根据使用该产品要达到的目标而对产品的概念和行为的一种期望。

人的心智模型通常是一个人在某一领域所具有的知识总和的体现，是个体对事物运行发展的预测，即你“认为”事物将如何发展。

心智模型的形成和构造与用户日常生活经验的积累有关，人们在驾驭一个新的产品时，如果有储备的经验可借鉴，学习起来就会很容易，人们也更愿意学习，甚至在此基础上能够更愿意尝试和探索产品使用的新的可能性。

例如一辆汽车的基本部件和功能：油门、刹车、手刹、挡位等，不会因为车型、品牌的不同而差异巨大。开车，对于有经验的人来说都会逐渐建立起一个心理预期，如果已经习惯于开某一款车，即便更换到不同品牌、不同型号的车，之前的开车经验会帮助用户很快上手，用户会依据已有的关于车辆操作的基本知识，即相关知识的心智模型，一一比对、认识，不会感到太困难。而这种学习过程对于不会开车、没有接触过开车的人来说就完全不同了，后者头脑中没有相关知识和经验的积累，即尚未建立起关于怎样开一辆车的心智模型，学习起来就会感到更困难，需要的时间也会更长。

对于信息科技产品来说，产品的运转黑箱化使得用户只能通过界面和与界面交互操作的过程来探索其内在的程序或功能，例如人们在初次使用一个新产品，如手机或ATM机时，可能通过试探性地敲击某个按钮、选择菜单，看看系统给予怎样的反馈等来尝试了解其所能提供的功能，这提示我们，如果系统的交互流程、提供的交互方式、界面的表达方式、系统的反馈方式等，能够与用户自身具有的心智模型具有一定匹配度，用户就会很快建立起关于该产品的心智模型，心智模型就会引导用户的期望：他认为这个系统应该如何与之交互、操作，系统应该如何反馈，系统应该提供什么样的选项，以及他应该做出怎样的选择等。

当设计能够帮助用户建立起基于新产品的心智模型或能够给予用户适当的提示，使其了解如何将自己的经验用于新的产品时，将有助于用户上手使用，有利于交互效能的提高，即用户就能付出较少的成本（时间、精力等）学会使用该产品或系统。因此心智模型的概念在数字媒体交互设计中正在引起越来越多的关注。

一个能够与用户心智模型匹配的高质量的设计师模型能够帮助用户了解

界面之后的系统在干什么，研究表明，当用户面对一个虚拟设施或一个以前没有见过的设施时，获得或具有正确心智模型的用户不仅能够更快地了解和掌握设施的使用，还能据此推断、探索出未被明确培训的操作，而这一点有助于鼓励用户进行更深入的学习。否则用户就只能靠死记硬背，大大增加记忆负担，效率就会降低。

在数字媒体交互设计中，设计质量高低的一个重要评价标准就是系统提供的交互方式与用户期待的操作方法的匹配程度，或者说设计师的设计模型对用户的心智模型在系统表象层面的表达和呼应质量，如果两者之间存在偏差，呼应质量较低，用户很难基于自己已有的心智模型学习、理解系统的运作方式，就会造成学习过程中的困惑和挫折感，即所谓的易学性低。

2.用户心智模型与设计师模型

Donald Norman 曾经提出产品的心理模型由 3 个方面组成：①设计模型（design model），是指设计人员对产品（系统）的设计构想；设计师设计的用户交互方式和呈现方式；②用户模型（user's model），是指用户在与产品交互过程中所理解的该产品的操作方法，依据的是用户自身以往的使用经验、习惯及个人经历，即前文所述的用户心智模型；③系统表象（system image），是指产品展现出来的形式，包括用户与系统交互方式的引导和交互界面等。

通常情况下，由于设计人员和用户难以直接沟通，因此系统表象成为两者之间的媒介和渠道。在用户通过系统表象与产品或系统交互的过程中，如果出现问题通常是因为以下 2 方面的原因：①设计模型和系统表象不一致，即产品最终的实现界面未按照产品设计人员的初期设计思想来实现，原因可能是设计师与技术人员沟通不畅，或受限于外界因素如技术限制、设计周期过短等，造成设计完成程度不够。②系统表象与用户（心智）模型不一致，即系统的设计与用户对系统的期待不一致。这一问题则是设计模型与用户（心智）模型不一致的表现，其实质是系统背后的设计师对用户（心智）模型了解不够所致，这也是交互系统设计中更为常见的现象。

追求用户心智模型和设计师模型匹配，是提高系统或产品易学性、可用性的重要途径，也是以用户为中心的设计思想的重要指导原则之一。

第二节 数字媒体交互设计的发展历程

数字媒体交互设计诞生于20世纪80年代，从命令行交互的方式发展到了图形界面交互方式。图形界面交互方式成为当今数字媒体交互设计的主流，如手机端的应用程序（以下简称App）、网站的图形界面等。随着新技术的不断涌现，数字媒体交互设计正逐步向自然用户界面的交互发展。

一、从命令行界面到图形用户界面

信息革命初期，计算机与人的交互方式是要求用户输入指令，计算机根据指令给出相应反馈，这种交互方式被称为命令行交互。

早期的计算机是没有鼠标的，用户只能通过键盘与计算机进行交互。这种交互方式非常不直观，用户的学习成本高，需要花费大量的时间才能完全掌握。

命令行界面的交互方式使计算机极难被普及和推广，因为对于用户而言，学习和掌握计算机的操作是一件非常困难的事情。1979年苹果公司的创始人乔布斯到施乐·帕洛阿尔托研究中心参观，他被施乐的图形化用户界面和屏幕三维的定位操作所震撼。1983年苹果公司推出了带有鼠标的LISA计算机，自此开始了图形用户界面的时代。1984年苹果公司推出了Mac产品，它是第一款采用图形用户界面并获得商业成功的计算机产品。

拥有图形用户界面的计算机进入了大众消费市场，所见即所得的界面操作方式降低了用户的学习成本，使原本属于小众的计算机迅速地成为大众使用的重要工具。图形化用户界面交互依旧是当前使用最多的交互形式。①

图形用户界面将原本的命令输入，转变成了以图形为隐喻的图形选项，如桌面的窗口、存放废弃文件的垃圾箱、可以实现裁剪功能的剪刀图标等，图形用户界面使用户可以直观地看到操控的文本和图片，并且输出打印的效果与计算机中显示的效果一致。图形用户界面极大地降低了计算机使用的门槛，用户不需要花费太多的时间，只需要稍加训练就可以掌握，图形化界面

①刘姝铭，侯玥.数字媒体交互元素设计[M].北京：高等教育出版社，2014：6.

的使用减轻了用户的记忆负担，视觉化的空间环境也使用户的操作变得更加便捷。

从第一个图形用户界面出现以来，数字媒体交互设计的发展已经历了近半个世纪，图形用户界面的样式和交互形式在不断地更新，技术的不断发展和进步对用户界面和交互的形式提出了更高的要求。

二、从图形用户界面到自然用户界面

1985年微软的Windows 1.0亮相，它用图形用户界面取代了原来的DOS系统的命令行界面。图形用户界面的应用被大众所接受，这也极大地推动了计算机的普及和发展。图形用户界面使用了空间、图形隐喻的方法，使操作变得更加直观。计算机本身是没有生命的，当人对它发出动作行为时它无法给人反馈。交互设计就是在给机器设定交互行为，教会计算机如何对人的行为动作做出回应。

随着技术的迅猛发展，人工智能、虚拟现实、增强现实、语音交互、动作识别、深度学习等新兴技术促使数字媒体交互的方式向着自然用户界面发展。自然用户界面取代了原有的利用鼠标和键盘的交互方式，使用户能够通过声音和肢体语言，与计算机进行交互。苹果公司的Siri的交互使用就是典型的自然用户界面，用户通过“嘿，Siri”的语音请求将Siri唤醒，然后使用语音进行交互，交流信息。

触摸屏和传感器技术的迅猛发展，使得触摸屏的应用越来越广，手势交互成为取代鼠标交互的新趋势。智能化高速发展，图形用户界面由于物理尺寸的限制，已经无法满足用户功能的使用需求，自然用户界面的交互形式极大地拓展了交互的使用范围和权限，使得自然用户界面在智能家居、无人机、智能手表、智能眼镜等领域中的应用日益广泛。

第三节　数字媒体交互设计的应用场景

一、数字媒体交互设计应用领域

交互设计是一项综合艺术，它基于数字媒体技术发展起来，并因技术的

飞速发展而开辟出一片崭新的天地，它不但开发创造出很多新的应用领域，如网络艺术、虚拟现实等，同时也打破了传统艺术形式单一的束缚，为传统艺术的发展打开广阔的发展空间，如融合了交互功能的创新舞台设计，给观众带来更丰富的艺术体验，让表演艺术发生了革命性的改变。

数字媒体交互设计应用领域大体可分为两大方向，即在纯艺术领域的创新以及在商业设计上的大显身手。

（一）纯艺术创新

纯艺术包括造型艺术、表演艺术、综合艺术等，是人类文化的璀璨结晶，这些艺术在几千年的发展过程中逐渐完善，最终形成了现在我们看到的美术、音乐、表演、影视等艺术形式，即使发展时间最短的影视艺术也有近百年的历史，艺术家通过这些艺术作品展现个人对艺术以及世界的认知。随着科技的发展，数字媒体技术也快速走进了艺术家们的创作世界，那些走在前面的创新艺术家们运用数字媒体交互设计概念与技术对传统的艺术进行改造和创新，重塑传统的艺术表现或创造出全新的艺术形态。[①]

运用交互技术为纯艺术作品增加更多的维度是对传统艺术进行改造的重要方法，比如加入人或时间维度后的艺术作品，会因参观者的加入或时间的行进而呈现出不同的音画效果，而不是像传统的艺术作品那样，一旦创作结束就完全定型了。

加入了交互表现形式的艺术作品有了更多表现的空间，数字媒体交互技术的神秘高深与艺术的复杂深刻相碰撞，更容易引起观众对高科技的探索与对人类未来生存发展的思考，对于那些更偏好批判现实主义题材的艺术家们，数字媒体交互技术就像他们手里多出来的魔法棒，把他们对人类发展的关注与反思更魔幻地呈现在大众眼前，给观众带来新奇的体验，这些作品越来越多地出现在各大艺术中心、展览馆等公共空间，成为人类艺术亮丽的风景。

（二）商业设计应用

除去在纯艺术领域中的发展，数字媒体交互设计另一个巨大的应用领域就是商业设计，它们充分发挥了交互设计的特点，不仅最大限度拓展其商业价值，带动了相关行业的发展，促进了就业市场，还真正地让交互设计走进

①梁炯，蒋晓冰.数字艺术交互设计[M].北京：文化发展出版社，2022：30.

百姓生活，提升了人们的生活品质。特别是近几年，数字媒体交互设计在商业领域显示出了极高的发展潜力，不断创新出新的产业，比如共享经济的诞生，共享单车一夜之间遍及城市乡村；基于移动终端的电子商务飞速发展，两三年就改变了全体民众的支付方式甚至生活习惯：外卖、快递的便捷，电子导航的灵活、社交网络的无障碍、智能家居的普及等，这些数字媒体交互产品的诞生与快速发展已经从根本上改变了整个社会的发展态势与经济结构，而其未来的发展还将有无限的可能。

无论是在艺术领域还是商业设计市场，数字媒体交互设计都有广阔的发展空间，但与传统的、相对固定的艺术表现形式不同，交互设计的艺术表现更多样，更不可预测。很多交互设计的表现形式还在创新中不断发展出来，面对这么多表现形式，初学交互设计的同学们常常会觉得无处着手。所以我们将已有的数字媒体交互设计的表现形式进行了归类，让大家有章可循。目前，交互设计主要可分为以下4种表现形式。

1. 互动装置

互动装置是交互技术与传统装置设计完美结合的全新设计形式，可带来强烈的沉浸感与游戏的趣味性，被广泛应用于商业广告、科普展示等场合。这类应用强调作品的现场体验，所以如何设计一套具有独特体验的人机交互界面是这类应用的重点。

2. 虚拟仿真

在电脑中创造一个虚拟的互动世界是计算机技术给人类带来的最大惊喜之一，把很多现实里无法模拟的现象通过虚拟的场景展现出来，并可以实现人机的互动，这是数字媒体交互设计的另一个主要的应用方向，统称为虚拟仿真。交互设计的虚拟仿真可广泛应用于商业娱乐与科学研究领域，如电子游戏就是最成功的虚拟仿真娱乐应用。而在科学与研究领域有一类应用叫严肃游戏，打造一些虚拟的互动游戏类交互设计，但它的应用不是为了娱乐，而是为了科学研究与工程应用，如医疗手术模拟、航空驾驶员培训、桥梁负载模拟、物流运转流程，也可用于场馆虚拟浏览等应用。严肃游戏的交互设计应用具有更广阔的发展前景，也是交互设计与传统产业相融合的重要交叉点。这类应用主要是设计一个虚拟的交互环境，交互方式与可视化设计的优劣直接决定了作品的质量。

3.信息服务

信息是当今社会的重要资产，具有无穷的价值，数字媒体交互设计另一个重要的应用领域就是各类信息的挖掘、查询与展示，比如传统的新闻类网站平台，现在多数已开通了基于移动端的应用产品；各种商业视频网站平台也实现了移动端与电视端的信息共享；这几年发展飞速的产品零售平台、订餐类服务外卖平台、电影票购买与评价平台等，当然还有各种政府与企事业单位的信息展示平台等。这类信息服务平台包罗万象，涉及社会与经济生活的各个方面，目前主要以电脑或移动终端等作为发布界面，这类应用的设计重点是科学的信息架构与良好的用户体验。

4.实物产品

这里所说的实物产品是指具有交互功能的实体产品设计。这些年，利用交互概念设计的日用品逐渐出现在人们的日常生活中，比如特别有明星效应的家用机器人产品，还有开辟了巨大商业市场的智能家居系列产品等，为人们的生活增添了不少色彩，同时它们也具有广阔的商业发展前景。随着5G的到来，可以预见智能家居和可穿戴设备以及车联网等相关产品都会如雨后春笋般发展起来。美国Ambient Device公司是较早推出交互实物产品的公司，能量球Engergy Orb是其最早一批在市场获得成功的交互实物产品，用户可以预先在平台上定制参数服务，如婚礼倒计时，通过无线网络，能量球会实时接收数据并变化小球的颜色来提醒用户时间的逼近。将无感情的数据转化为有温度的色彩，成为家居中一件美丽的饰品，为生活增添了色彩与情感。同期还有Leapfrog公司出品的教育玩具笔Fly Pentop，是儿童智能交互产品设计的一个成功范例。Fly Pentop是一款专门为9~14岁小朋友设计的可计算、可演奏、可记日程的神奇画笔，而所有这些功能的实现只需要小朋友自己在纸上画出计算器、交响乐器、记事本等就可以快乐地玩耍了，画笔虽小，但功能齐全，安装了电脑芯片、迷你摄像头、扬声器以及电池来实现所有功能设计。Lightalk LED扫描笔则是另一款成功的办公用品，按下一个按钮，扫描要展示的图片，然后转换到展示模式，握住笔的后端进行挥舞，LED灯光就会将你要展示的图片呈现在空中，也有人利用这一原理制作出数字荧光棒，在各大演出现场发售。

随着数字媒体技术的飞速发展，越来越多的交互实物产品被研发出来，走进了我们的日常生活。小米公司是我国最早进军智能家居产业的公司之一，目前他们打造的米家生活平台已形成了一个分类齐全、模式统一的产业集群，推动着我国智能家居的飞速发展。

二、数字媒体交互设计应用场景

数字媒体交互设计的本质是对交互行为进行设计，交互设计的应用场景也随技术的发展不断改变。界面交互、人机交互、交互装置成为人们日常生活的一部分。

（一）界面交互

界面交互主要是指人基于计算机屏幕进行信息交换，当用户通过界面向计算机输入信息，进行操作时，计算机则通过交互的界面向用户提供反馈的信息，主要包括基于计算机端的网页交互及移动端的应用程序的界面交互。智能手机的兴起，带动了应用程序的快速发展，桌面端、移动端、平板端的应用程序层出不穷。为了使用户获得良好的用户体验，各个系统、各个平台间实现了融合，响应式设计布局的出现很好地满足了多个终端融合的需求。响应式布局可以让界面根据不同的设备环境智能地进行变化，以适应用户的使用行为，从而使用户获得更加舒适的界面和更好的用户体验。

（二）人机交互

人机交互一般会基于界面交互、智能产品进行设计，与界面交互不同的是它不会局限在应用程序、网页的界面交互上，它还会涉及硬件设备，如可穿戴设备、智能语音系统、虚拟现实、增强现实等，这些应用不仅需要基础硬件的配合，还需要相应的界面交互与之相配合。

可穿戴设备通常是指可以直接穿戴在身上，或者整合在用户的衣服或配件中的便携式设备，如智能手表、智能手环、智能服装、智能首饰等。可穿戴设备不仅是一种硬件设备，它还需要通过软件的界面交互实现信息数据的存储与交换。如TOTWOO智能首饰，它将智能科技、移动互联与一流的珠宝设计工艺融合，给用户带来全新体验。TOTWOO自2015年于意大利米兰推出以来，立刻成为时尚达人们的新宠。首饰中具有配套的专属App，通过蓝牙与手机连接，除了具有步数统计、久坐提醒、紫外线检测、控制闪光等功能外，还具有传递情意信息的社交功能。用户通过摇动或敲击首饰，实现信息沟通和连接。例如，情侣间的亲密互动，双方的首饰通过配套的App进行配对，配对成功后，当一方摇一摇或用手指轻敲时，另一方的首饰就会闪光或震动，收到信息的一方也能以同样的方式回应。除此之外，TOTWOO首饰还可以通过与手机连接，使用远程控制完成美颜自拍。可穿戴设备不仅拉近了用户与科技的距离，更拉近了时尚与社交的距离。

虚拟现实（virtual reality，VR）是通过计算机模拟创建出一个三维空间的虚拟世界，让用户产生一种身临其境的感觉。用户通过虚拟现实设备，可以在虚拟的环境中体验、认知不同的世界。《沙中房间》是艺术家安德森和黄心健共同创作的虚拟现实互动作品，在第74届威尼斯影展的虚拟现实竞赛单元中，获得了“最佳VR体验奖”。观众通过虚拟现实的专业设备，随着声音的指引进入了由无数巨型黑板构建的梦幻而又浩瀚的虚拟空间，通过手柄来与虚拟世界进行互动。例如，参与者通过语音输入，将话语或歌声转换成几何雕塑，敲击播放或与他人留下的声音进行对话。整个作品由8个主题房间构成，每个房间都独具特色，不同的交互形式，使参与者的体验感层层深入，虚拟与现实的界限逐渐变得模糊。

（三）交互装置

交互装置是交互设计与装置艺术紧密结合的产物，它是艺术与科技最紧密的结合体，其中包括互动装置、互动游戏、互动媒体、互动空间等。近年来，随着社会经济生活的不断进步，以及体验经济的快速发展，体现艺术与科技高度结合的交互装置成为一股不可忽视的潮流。teamLab是一家来自日本的新媒体艺术家团队，他们打造的全球首家“数字艺术博物馆”将互动的娱乐体验发挥到了极致。博物馆中梦幻般的场景，人与空间的实时互动，使用户的感官受到极大的震撼。2015年，teamLab获得了“DFA亚洲最具影响力设计奖”，作品连续2年入选知名线上杂志Designboom的“全球十大必看艺术展”榜单。

2017年，teamLab在北京举办的“花舞森林与未来游乐园”，成为当年北京城最火爆的展览之一。这是一个专门为孩子打造的未来数字化的虚拟游乐园。绘画是每个孩子的天性，游乐园中的桌子上有很多画纸和画笔，孩子们可以根据自己的喜好给纸上的海洋生物涂上任何自己喜欢的颜色，并且还可以发挥天马行空的想象力，创造出新的海洋生物。完成之后，通过扫描，所绘制的海洋生物就会形成3D影像被投射到虚拟的海洋中，孩子们可以看到他们亲笔绘制的图形不仅在眼前活动了起来，而且可以与他们产生互动。扫描之后的海洋生物图形进入虚拟的海洋，它们在海洋中不停地游走，孩子们不仅可以触摸，还可以触摸虚拟的饲料袋进行喂食，这种人与计算机间娱乐的交互方式，使孩子们深深地感受到了创造性想象的力量，强交互的体验积极地调动了孩子们的兴趣，激发了孩子们的创造力。

此外，小人儿所居住的桌子也是很有特色的交互装置。在该桌子的互动屏幕的边缘有很多小人儿在奔跑，这些小人儿与桌子上的物体会产生互动：当孩子们将不同的物体放在桌子的不同地方时，小人儿会追逐物体奔跑、跳跃、攀爬或滑行。物体的数量和位置都会使装置展现出不同的效果，互动性的体验和无限的不确定性，使交互过程充满了无限乐趣。

第二章　数字媒体交互设备

在数字媒体交互过程中，交互设备是不可或缺的部分，随着计算机处理能力和储存能力的显著提升，很多交互设备也被替代和改进。用于输出的高速百万像素图形显示器取代了传统的电传打印机；虽然键盘目前仍是计算机中文本输入的主要设备，但为了满足移动设备用户的需求，触摸屏的出现使得用户脱离键盘来完成任务。随着用户对交互式体验要求越来越高，眼球追踪器、数据手套、基于语音识别的输出设备等都在新型应用场景中得到了大力发展。

第一节　输入设备

数字媒体交互输入设备是指在数字媒体交互过程中，用户与数字内容或系统进行信息交流所使用的工具或硬件。随着数字技术的发展，这些输入设备变得越来越多样化和高度集成，为用户提供了更加丰富和直观的交互体验。以下是一些常见的数字媒体交互输入设备：

一、文本输入设备——键盘、手写设备

数字媒体交互中的文本输入设备是用户与数字内容进行交流的重要工具，尤其在需要输入文字信息的场景中发挥着关键作用。以下是一些常见的文本输入设备及其特点：

（一）键盘

目前文本输入的主要方式还是通过键盘将英文字母、数字、标点等输入到计算机中，从而向计算机发出命令，进行数据的输入等。早期的键盘大都是机械点触式键盘，这种键盘使用电触点接触作为连通标志，使用机械金属弹簧作为弹力结构，手感很接近打字机键盘，当时很受欢迎。但是机械点触式键盘的机械弹簧很容易损坏，并且电触点会在长时间使用后出现氧化现

象，导致按键失灵，所以电磁机械式键盘将其取代了。电磁机械式键盘的使用寿命强了很多，但依旧没有解决机械式键盘由于固有的机械运动容易损坏的问题，所以被非接触式键盘取代了。主要的非接触式键盘有电阻式键盘和电容式键盘，其中电容式键盘由于成本低和工艺简单，受到普遍应用，电容式键盘的手感更加轻柔而有韧性，成为当前键盘的主流设计。①

键盘的常见布局有QWERTY键盘、DVORAK键盘和MALT键盘。其中QWERTY键盘的名称来源于该布局方式最上排的六个英文字母，将频繁使用的字母远远分开，增加了手指的移动距离，使得最大限度放慢敲击的速度，避免卡键，目前这种布局方式依然是最常见的排列方式。但是这样的键盘布局方式特别没有效率，大多数打字员习惯用右手，但在QWERTY键盘中，左手负担了57%的工作，使得打一个字需要上下移动手指头。DVORAK键盘布局允许左右手交替击打，避免单手连击；并且排在导键位置的是最常用的字母，减少打字员的打字时间。由于受到传统QWERTY布局的影响，DVORAK布局没有成为主流的键盘布局。MALT键盘布局比DVORAK键盘布局更加合理。MALT键盘布局改变了原本交错的字键行列，让其他原本远离键盘中心的键更容易触到，使拇指得到更多使用。由于该键盘需要特殊的硬件才能安装到计算机上，因此并没有得到广泛应用。

在移动设备中，文本输入的主要方式是使用比实体键盘尺寸小得多的虚拟键盘，虚拟键盘的布局方式大多数采用了QWERTY键盘布局。这样的虚拟键盘对用户而言缺少了触觉反馈，所以大多数移动设备采用在点击按键的时候发出声音来进行反馈。

（二）手写设备

手写输入设备也是文本输入的主要交互方式，一般由手写板和手写笔组成。手写板是通过各种方法将手写笔走过的轨迹记录下来，然后识别为文字。手写板主要有电阻式压力手写板、电磁式感应手写板和电容式触控手写板。其中电阻式压力手写板几乎被淘汰；电磁式感应手写板是目前市场的主流产品；电容式触控手写板具有耐磨损、使用简便、灵敏度高的优点，是市场的新生力量。目前很多手写板除了搭配手写笔以外，也可以用手触控进行文本输入。

---

①付晓东，荆俊红．多媒体技术理论及其应用[M].北京：九州出版社，2018：35.

在移动设备中，尤其是目前的触屏手机，手写也是主要的文本输入方式，手机屏幕相当于手写板，手指相当于手写笔，以输入法软件为依托、手写文字识别技术为核心，进行手写文本输入。

数字媒体交互中的文本输入设备不断进化，以适应不同用户的需求和使用场景。随着人工智能和机器学习技术的发展，未来的文本输入设备将更加智能和个性化，能够提供更高效、更准确地输入体验。

二、图像输入设备——扫描仪、摄像头

数字媒体图像输入设备是指用于捕捉和生成图像内容的技术工具。在数字媒体领域，图像输入设备对于创作视觉内容、编辑图片、设计图形等活动至关重要。以下是一些常见的数字媒体图像输入设备及其应用：

（一）扫描仪

扫描仪通常是计算机外部设备，是通过捕捉图像并转换成计算机可以显示、编辑、存储和输出的数字化输入设备。扫描仪作为光电、机械一体化的高科技产品，自出现以来凭借独特的数字化“图像”采集能力、低廉的价格和优良的性能，得到了迅速地发展和广泛地应用。目前扫描仪已经成为计算机中不可缺少的图像输入设备之一，被广泛运用于图形、图像处理的各个领域。

扫描仪按照结构特点可分为手持式、平板式、滚筒式、馈纸式和笔式等。其中平板式扫描仪又称台式扫描仪，是目前市场上的主流产品，使用方便，扫描出来的结果也比较好，成本相对较低，体积小且扫描速度快。滚筒式扫描仪常用于专业领域，处理的对象大多为大幅面图纸、高档印刷用照片等。滚筒式扫描仪一般使用光电倍增管，因此它的密度范围比较大，能够分辨出图像更细微的层次变化。馈纸式扫描仪又称小滚筒式扫描仪，工作时镜头是固定的，通过移动要扫描的物件来进行扫描，因此只能扫描较薄的物件，并且范围还不能超过扫描仪。

（二）摄像头

摄像头是图像输入的主要设备之一，不仅可以拍照，也可以进行视频录制。目前摄像头已是计算机和移动设备必备的设备之一，用户可以通过摄像头和传声器在网络上进行影像和语音沟通。

摄像头可分为数字摄像头和模拟摄像头。目前计算机市场上的摄像头基本以数字摄像为主，而数字摄像头中又以使用新型数据传输接口的USB数字摄像头为主。数字摄像头可以将视频采集设备生产的模拟视频信号转换成数字信号存储在计算机里。而模拟摄像头是将捕捉到的视频信号经过特定的视频捕捉卡将模拟信号转换为数字模式，并加以压缩后才能到计算机上运用，所以模拟摄像头在计算机市场上并不是主流。随着技术的发展，目前很多移动设备都自带摄像头，用户可以随时随地拍照和录像，并将照片和视频分享到自己的朋友圈。摄像头在计算机设备上的运用，丰富了计算机的输入方式，也丰富了用户的科技生活。

三、语音输入设备——传声器

语音作为一种重要的交互手段，日益受到人们的重视。在计算机中，主要的语音输入设备是传声器（又称麦克风）。传声器是一种电声器材，通过声波作用到电声元件上产生电压，再转换成电能。传声器通常处于声频系统的最前面一个环节，性能的好坏关系到声频系统和声音质量。目前使用最广泛的传声器是电动式麦克风和电容式麦克风。电动式麦克风是根据电磁感应原理制成的，使用简单方便，不需要附加前置放大器，牢固可靠，寿命长，性能稳定，并且价格相对便宜。电容式麦克风是依靠电容量变化而起换能作用的传声器，它是电声特性最好的一种麦克风，能在很宽的频率范围内具有平直的响应曲线，输出高，失真小，瞬间响应好，被广泛运用于广播电台、电视台等专业录音场景中。

目前很多传声器设备都佩戴在耳机上，有的传声器内置在移动计算机和移动设备中。传声器和摄像头相结合，使得用户不仅可以进行远程的视频交流，也可以自己拍摄和制作视频。就当前的技术发展而言，传声器、摄像头和移动设备相结合，使得直播行业不仅仅局限于电视台和广播电台，任何人都可以做直播、做主播来分享自己的日常生活。

四、指点输入设备——鼠标、触摸板、光笔、触摸屏

指点设备常用于完成一些定位和选择物体的交互任务，主要的指点输入设备有鼠标、触摸板、光笔和触摸屏。

（一）鼠标

1964年，加州大学伯克利分校的道格拉斯·恩格尔巴特博士发明了鼠标，鼠标是计算机显示系统中横纵坐标定位的显示器，可以对当前屏幕上的游标进行定位，并且通过按键和滚轮装置对游标所经过位置的屏幕元素进行操作。鼠标的出现代替了原来键盘“上下左右”输入的烦琐性，使计算机操作变得更加方便快捷。

鼠标按结构可以分为机械式鼠标、光机式鼠标、光电式鼠标和光学鼠标。机械式鼠标底部有一个可以四向滚动的小球，这个小球在滚动时会带动一堆转轴（X转轴、Y转轴）转动，在转轴的末端都有一个圆形的译码轮，转轴的转动导致译码轮的通断发生变化，产生一组组不同的坐标偏移量，反映到屏幕上，就是光标随着鼠标的移动而移动。由于是机械结构，X轴和Y轴在长时间使用后会附着一些灰尘等脏物，导致定位精准度下降，流行一段时间后被“光机式鼠标”替代。光机式鼠标底部也有小球，但是不再有圆形的译码轮，换成了两个带有栅缝的光栅码盘，并且增加了发光二极管和感光芯片。光机式鼠标底部的小球并不耐脏，使用一段时间后会因为沾上灰尘而影响光通过，从而影响鼠标的灵敏度和准确度。光电式鼠标是通过检测鼠标的位移，将位移信号转换为电脉冲信号，再通过程序的处理和转换来控制屏幕上的光标箭头移动。虽然光电式鼠标在精准度上有所提升，但是它的使用不够人性化，用户不能快速地将光标直接从屏幕的左上角移动到右下角，且光电式鼠标的造价较高，基于这些原因，光电式鼠标没有在市场上流行起来。光学鼠标与光机、光电式鼠标在结构上差异比较大，没有了底部的小滚轮，也不需要反射板来协助定位，在保留了光电式鼠标精准度和无机械的特点上，又具有很高的可靠性和耐用性。目前很多用户将光学鼠标作为首要选择。

为了适应大屏幕显示器和方便用户使用，现在市场上流行无线鼠标，鼠标与计算机之间采用无线遥控，没有了电线连接的束缚，用户对鼠标的使用更加自由，体验更好。

（二）触摸板

触摸板是在一种平滑的触控板上，利用手势的滑动来操作计算机游标的输入设备。触摸板通过检测用户手指接近时电容的改变量来转换为坐标。目前触摸板已经广泛应用于笔记本电脑，可以代替鼠标。与鼠标相比，触摸板的使用更加灵活，有的触摸板可以支持手写文本输入功能，有的支持用户使用更多的手势操作计算机，如苹果电脑的触摸板支持用户三个手指滑动进行窗口切换。

（三）光笔

光笔是比较早的指点输入设备，用户使用光笔在屏幕上指点某个点以执行选择、定位或者其他操作。光笔和图形软件相配合，可以在显示器上完成绘图、修改图形和变换图形等复杂操作。目前光笔已经逐渐被触摸屏取代了。

（四）触摸屏

触摸屏是一种可接收触头等输入讯号的感应式液晶显示器装置，作为液晶显示器，触摸屏既是输出设备，也是输入设备。用户可以直接用手指在触摸屏上进行选择、定位等操作。触摸屏为人机交互提供了更加简单、方便和自然的交互方式，直接替代了鼠标和键盘。目前触摸屏主要应用在公共信息的查询系统中，如银行ATM机、图书馆的书籍查询一体机等。现在很多移动设备也使用了触摸屏，如手机、平板电脑。部分计算机为了操作方便，也会把显示屏配成可触屏的显示器。

第二节　输出设备

数字媒体交互输出设备是指用于展示或播放数字内容的技术工具，它们将数字信息转换成用户可以感知的形式，如视觉图像、听觉声音或其他感官体验。这些设备在数字媒体的传播和消费中起着至关重要的作用。以下是一些常见的数字媒体交互输出设备及其特点：

一、文字、图像输出设备——显示器、打印机

本节主要介绍的是显示器与打印机这 2 种文字、图像输出设备。

（一）显示器

显示器是用户与电子计算机交互中最主要的输出设备，也是人与机器交流的主要工具。显示器既可以显示鼠标和键盘的输入结果，也可以显示计算

机处理的结果，是目前计算机设备和移动设备中不可缺少的硬件设施。显示器是文字、图像的输出设备，也是视频的输出设备，显示器的输出是软拷贝。显示器的发展是随着计算机的发展而发展的。

显示器主要分为CRT显示器、LED显示器、LCD显示器。CRT显示器是目前应用最广泛的显示器之一，具有可视角度大、色彩还原度高、色度均匀等特点；LED显示器是通过控制半导体发光二极管来显示的，用来显示文字、图形、图像、动画等各种信息的显示屏幕；LCD显示器就是液晶显示器，具有机身薄、占地小、辐射小等特点。

（二）打印机

打印机是将计算机处理结果打印在纸张上的输出设备，打印机的输出是硬拷贝，可以打印文字和图像，从而将计算机的处理结果展示在相关的介质上，如纸张。随着打印技术的发展，针式打印机、喷墨式打印机和激光式打印机占据了整个打印机行业，并且各有特点和市场。①

针式打印机是以行列点阵的形式来打印字符或图形的，它的打印成本极低并且有着很好的易用性，但是打印质量较低，工作的噪声也很大，目前只用于银行、超市等票单的打印。喷墨式打印机有连续式喷墨和随机式喷墨2类，连续式喷墨打印机只有一个喷嘴，利用墨水泵对墨水的固定压力使之连续喷出；随机式喷墨打印机的墨滴只有在需要打印的时候才喷出。喷墨式打印机由于有着良好的打印效果和较低价格的特点，占据了广大中低端市场。激光式打印机是科技发展的新产物，具有质量更高、速度更快、成本更低的打印方式。

二、语音输出设备——扬声器、耳机

语音输出设备是计算机必要的外设硬件之一，通过电线与计算机主机的接口连接，用于输出计算机的声音信号。主要的语音输出设备有扬声器和耳机。

扬声器是将电信号还原成声音信号的一种装置，按照声学原理及内部结构不同，可分为倒相式、密闭式、平板式、号角式、迷宫式等几种类型，其

①陈洪，李娜，王新蕊，等.数字媒体技术概论[M].北京：北京邮电大学出版社，2015：50.

中最主要的形式是密闭式和倒相式。密闭式音响是在封闭的箱体上装扬声器，所以效率比较低；而倒相式音响是在前面或后面板上装有圆形的倒相孔，具有灵敏度高、能承受的功率较大和动态范围广的特点。

耳机接收媒体播放器所发出的电讯号，利用贴近耳朵的扬声器将其转化成可以听到的声波。耳机一般是和媒体播放器分离的，通过电线连接。相比于扬声器的功放，耳机可以让用户在不影响旁人的情况下尽情享受音乐、观看视频等。耳机的种类很多，按照佩戴方式，可以分为入耳式、头戴式和耳塞式；按照结构，可以分为封闭式、开放式和半开放式；按照与媒体播放器设备的连接方式，可以分为有线耳机和无线耳机。耳机是计算机和移动设备不可缺少的硬件设备之一，随着用户对耳机要求越来越高，耳机的发展也十分迅猛，目前市场上的耳机除了有语音输出功能外，还有无线传输等功能。

第三节　三维辅助设备

三维的交互不同于二维交互，不局限于二维的窗口、图标、光标等，三维交互是为了克服传统二维交互的限制而发展起来的，为人机之间构造一种自然直观的三维交互环境。在数字媒体三维交互中，离不开三维辅助设备，本节主要介绍的三维设备是三维空间跟踪定位器、数据手套、三维鼠标和头戴式显示器。

一、三维空间跟踪定位器

空间跟踪定位器是用于空间跟踪定位的装置，能够实时地监测物体空间的运动。空间跟踪定位器通过6个自由度来描述物体的位置，即在X、Y、Z坐标上的位置，以及围绕X、Y、Z轴的旋转值。三维空间传感器检测的物体必须是无干扰的，即无论传感器采用什么样的原理和技术，都不应该影响被检测物体的运动，成为“非接触式传感器”。三维空间跟踪定位器，目前一般与虚拟现实设备结合使用，被安装在数据手套和头盔显示器上。在虚拟现实的应用中，要求空间跟踪定位器定位精准、位置修改速率高和延时低。

二、数据手套

数据手套是一种多模式的虚拟现实硬件，一般由很轻的弹性材料构成，配置有位置、方向传感器和一组有保护套的光纤导线。结合软件编程，用户可以佩戴数据手套，使用抓取、移动、旋转等手势作为输入与计算机系统进行交互。数据手套按照功能来分，有虚拟现实数据手套和力反馈数据手套。虚拟现实数据手套允许用户在虚拟现实中使用手势控制虚拟场景，力反馈数据手套借助触觉反馈，让用户对场景中的物体有真实的“触觉”。

三、三维鼠标

三维鼠标，也称为三维交互球，是虚拟现实场景中重要的交互设备，能够感受到用户在6个自由度的运动，包括3个平移参数和3个旋转参数。三维鼠标类似于摇杆加上若干按键的组合，在实景仿真开发中，用户可以很容易通过程序，将按键和球体的运动赋予三维场景和物体，实现三维场景的漫游和仿真物体的控制。①

四、头戴式显示器

头戴式显示器是一种立体图形显示设备，可单独与主机连接以接收来自主机的三维虚拟现实场景信息。头戴式显示器类似拿放大镜看物体呈现出放大的虚拟物体图像，用户通过头戴式显示器，对虚拟场景有“身临其境”的体验效果。头戴式显示器目前已经广泛运用于虚拟现实中，建筑师可以通过显示器看到虚拟全景的建筑物，医生可以通过显示器看到虚拟全景的手术台并进行手术模拟。

①朱晓伟，谭治云，单杰.数字媒体技术与应用[M].上海：上海交通大学出版社，2018：45.

第三章　数字媒体交互设计方法

交互设计是一门新兴起来的年轻学科，人们需要在实践过程中总结经验，同时通过理论研究，促使它完善、进步。因此作为一门设计学科，它需要具有科学的方法作为指导，使交互更为成功。数字媒体交互设计方法是通过实践经验总结出来的，是一种很好解决问题的途径。方法虽多，但这些方法并不是绝对的、固定不变的。随着技术发展和时代进步，解决问题的方法和手段会出现不同的发展趋势。在数字媒体交互设计领域中，设计方法具有不同的学派观点和词义解析，目前大概可以分为5种设计方法：以用户为中心的设计（UCD）、以活动为中心的设计（ACD）、以目标为导向的设计（GDD）、传统软件系统设计（SD）和依赖设计师智慧的天才设计（GD）。

上面所说的5种设计方法可以在不同的状态和情形下使用，并且可以相互借鉴、融合而产生新的更好的解决方案。大多数情况下只使用一种方法就可以使问题得到解决，但也可以从一种方法转移到另一种方法上去寻找突破，从而使设计更好。当然，不同的交互设计师在日常工作中使用的方法论侧重有所不同，这些方法论没有什么好坏的区分，关键在于能不能发挥其功效，只要符合项目实际需要，就是不错的方法，学习这些方法也是为了灵活地运用它们。本章仅论述以用户为中心的设计、以活动为中心的设计、以目标为导向的设计。

第一节　以用户为中心的设计

一、概述

以用户为中心的设计（user centered design，UCD）是指在设计过程中，设计师必须以用户体验为中心，强调用户优先的设计模式。简单地说，就是在进行产品设计、开发、维护时，从用户的需求和用户的感受出发，而不是让用户去适应产品。其核心思想理念是，用户最清楚他们需要什么样的产品或服务。用户了解他们的需求和偏好，设计师根据用户的需求和偏好进行设计。因为设计师本身并不能代替用户，用户的参与是为了更好地帮助用户实现目标。Dan Saffer在《交互设计指南》里指出，以用户为中心的设计背后的哲学就是，用户知道什么最好，使用产品的人知道自己的需求、目标和偏好，设计师需要发现这些因素并为其设计。数字媒体交互设计与其类似，某些设计可以看作是用户和设计师的共同创造。

以用户为中心的设计理念源自第二次世界大战后的工业设计和人体工程学的兴起，它们的兴起使得“以人为本”的设计思想被广泛应用。作为第一代工业设计师，亨利·德雷夫斯是“以人为本”设计思想的典型代表人物，1955年他的《为人的设计》一书中开创了基于人机工程学的设计理念，推行了以用户为中心的设计方法。1961年他出版了著作《人体度量》一书，为设计界奠定了人体工程学这门学科，亨利·德雷夫斯成为最早把人体工程学系统运用在设计过程中的设计家，对这门学科的进一步发展起到积极推动作用。美国著名认知心理学家、计算机工程师、工业设计家唐纳德·A.诺曼1988年在《设计心理学》一书里完整系统地提出了UCD（usercentered design）概念，即现在经常可以听到的以用户为中心的设计。以用户为中心的设计已经经历了几十年的演变和发展，ISO国际标准化组织在1999年颁布了关于以人为中心的交互系统设计过程（humancentred design processes for interactive systems）的标准。该标准明确了以用户为中心的科学行业定义和指导说明标准。①

二、了解用户

在数字媒体交互设计领域里“了解你的用户”这一原理是备受推崇的。因为设计师只有对用户进行了深入了解后，才能够为他们设计合理的产品。设计师忽略设计所为之服务的用户将是一件很危险的事情，设计出来的作品也必将是非常糟糕的。以用户为中心的设计是为克服软件产品中的拙劣设计而发展起来的。通过考虑那些将要使用软件的人们的需求和能力，软件产品的可用性和可理解性确实得到了提高。

①朱云.数字媒体创意设计思维[M].上海：同济大学出版社，2020：80.

以用户为中心的设计要求设计师必须深入了解用户要求实现的最终目标，在理想的状态下用户参与设计过程的每一个阶段。在项目开始时，设计师需要分析产品对用户需求的满足情况及产品是否具有价值。在其后的产品设计和开发过程中，对用户的研究和相关数据分析应该当作各种决策的依据。用户对产品的反馈应该成为对产品各个阶段的评估信息。同时用户可以和设计师一起参与设计原型的测试，分析其中存在的问题和提出改进措施。

（一）用户的组成

从一定程度上说，用户是使用产品或被服务的人，我们可以从以下2个方面对用户进行了解。

1.用户是产品的使用者或服务的享受者

产品的使用者可能是当前忠实用户，也可能是即将流失的用户，或者是有待开发的潜在用户。这些使用者在使用产品过程中的行为会与产品特征紧密联系。例如，对于目标产品的认知、期待目标产品能完成的功能、使用目标产品需要的基本技能、未来使用目标产品的时间和频率等。

2.设计师也是用户

设计师本身并不能代替用户，但可以作为用户来参与设计。因为无论设计师对产品有什么样的定位，也不管设计师与普通的用户在文化层次和使用经验方面存在多大差异，设计师首先是产品的使用者，其次才是产品的设计者。在进行设计的过程中，设计师需要以一个真实的用户身份参与其中，不得在设计中将自身的喜好转移到产品的研发中。

（二）用户的分类

人是一个复杂的综合体，用户的行为更复杂，每个用户的行为特点是不一样的。一款成功的产品并不需要满足所有用户的需求，也不可能满足，因此需要明确针对某一类用户并且很好地满足此类用户的需求。针对哪一类用户是设计师需要考虑的，因此设计师需要进行用户分类。不对用户进行分类，产品就不能定位，好的用户分类可以让设计师知道产品适合哪些人，能够满足哪些用户。

在实际情况中，用户的特征信息有很多，用户间任何一个特征因素的不同都会导致不同用户使用某个产品的行为习惯不同。在此基础上，可以将用户分为以下4类。

1.种子用户

种子用户能够凭借自己的影响力吸引更多目标用户，是有利于培养产品氛围的第一批用户。

第一，种子用户不等于初始用户。种子用户有选择标准，尽量选择影响力大、活跃度高的用户作为产品使用者。优秀的种子用户不仅会经常使用产品，而且活跃于产品社区，经常发表言论，带动其他用户讨论和互动。

第二，种子用户能够为产品开发者提供中肯的意见和建议，帮助产品不断提升性能和完善功能。具有主人翁精神的用户，是最好的种子用户。

2.普通用户

普通用户是维持产品基数的用户，当产品发布后，普通用户会逐步地加入，人数也会逐渐增多。普通用户加入进来，是因为这里有归属感，有他们想获取的资讯、知识等。普通用户不会带来大的经济利益，但对产品的推广和提升影响力具有较大作用。

3.核心用户

核心用户可以给产品带来资源（资源涉及很多方面，比如内容、产品创意、技术难题等），是产品的经济的主要来源，贡献现金流。同时核心用户还能够传播产品，给产品带来更多直接或者间接用户的支持者。因此可以说，核心用户能帮助产品发展壮大、为开发者创造价值。

4.捣蛋用户

这类用户是产品的使用者，但对产品不满意，对服务提供商来说不会产生任何价值和利润，反倒以用户之名提出各种各样的无理要求，得不到满足就抱怨，误导其他用户，对产品产生负面影响。这在设计开发中需要避免。

三、以用户为中心的设计流程

不同数字产品的设计开发过程是不同的，有其自身的特殊性。设计活动是设计流程的基本元素。以用户为中心的数字媒体设计的流程很多，但不同的设计流程其核心理念是类似的，只不过是抽象层次不一样。这里以图3-1所示的设计流程图来对流程进行说明。此流程分为三大阶段，即策略和用户分析、设计和评估、实施和评估。

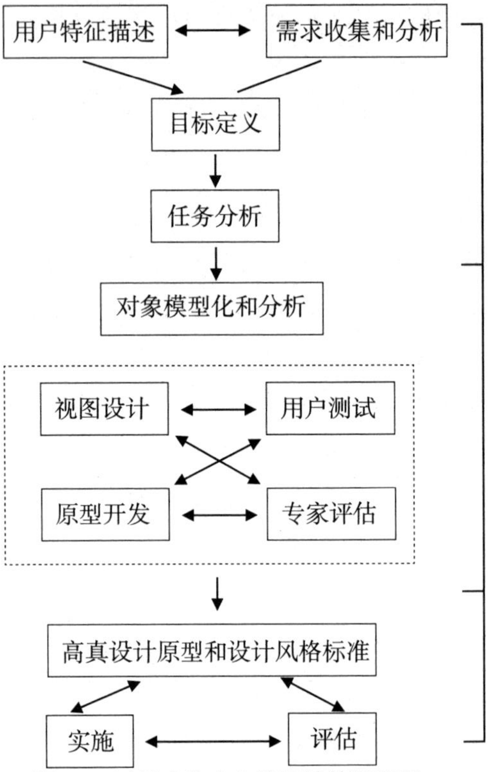

图3-1 以用户为中心的设计的流程图

（一）策略和用户分析

这一阶段决定了产品的设计方向和预期目标。首先，需要明确产品的目的是什么，可以解决什么问题，或带来什么样的使用价值。其次，确定产品的目标用户，即用户是谁，典型使用场景是什么，目前存在哪些问题和机会。用户研究是关于用户需求的数据和信息的来源。再次，定义用户特征，目标用户区别于一般人群的具体特征，例如，特定年龄阶段、特殊的文化背景、生活习惯和人生价值等。最后，做需求收集和需求分析，目的在于确定目标用户对产品的各个方面的期望值。例如，希望使用的功能、操作方式、达到的目标指数等。目标特征描述和需求收集及分析是UCD设计过程的基础和依据。

1.目标定义

经过全面地分析用户和需求，必须根据企业、产品的自身条件（商业需求、技术限制等）及市场对产品的供应关系等，将项目的应用范围加以明确化，使产品目标变得更可视、更明确。

2.任务分析

采用系统的用户研究方法，深入理解用户最为习惯和自然完成任务（操作）的行为方式，其数据依赖于用户研究。用户研究的方法包括用户访谈、问卷调查、用户测试等。

（二）设计和评估

1.对象模型化和评估

经过在前一阶段对产品和用户进行分析调研之后，在这一阶段通过建立用户模型进行设计的第一步。用户模型来自用户关于某一产品的认知，是产品概念的设计核心，用户模型的实质是解决产品设计过程中“是什么”（概念模型）和“怎么做”（过程模型）这一问题的知识集合。对象模型化是将所有策略和用户分析的结果按讨论的对象进行分类整理，以各种图示的方法描述其属性、行为和关系。

2.视图设计

从大的方向可以将视图设计分为交互设计和视觉设计。

交互设计包括页面框架设计、操作流程设计、信息内容设计、交互方式设计、信息架构设计。

视觉设计包括界面风格设计、视觉元素设计（包括图标、按钮、边框、用户控件、窗口规范、图形化的布局等）。

3.原型开发

建立原型主要是为了解决在产品开发的早期阶段不确定的问题，利用这些不确定性判断系统中哪一部分需要建立原型和希望从用户对原型的评价中获得什么。原型使想象更具体化，有助于说明和纠正这些不确定性，总的来说，通过原型可以有效地降低项目风险。

4.用户测试

将产品的设计界面原型展现给目标用户，通过用户模拟使用时所产生的问题或对产品的建议，得到用户的反馈数据。让用户去感受产品界面是否新颖（吸引用户眼球、让其眼前一亮）、操作是否流畅、功能是否达到用户使用要求等。进行用户测试的优点是：直接发现用户使用过程中出现的可用性问题；进行用户测试的缺点是：成本高，时间长。

5.专家评估

邀请在人机界面设计、系统功能、可用性研究等方面杰出的专家对产品进行分析和评价，得出存在的不足和改进措施。进行专家评估的优点是：容易管理，耗时短，能发现更专业、更深层次的问题；进行专家评估的缺点是：专家不是用户，要考究专家小组构成的合理性，因为专家对问题具有一定的主观倾向性。

（三）实施和评估

产品设计完成并投放到市场后，开始接受市场的检验，但此时不是以用户为中心的设计的过程的终结，仍需要对产品进行跟踪。可以设立电话热线，方便用户对产品存在的问题进行反馈，便于下一次产品更新换代时改进。在这个阶段，可用性测试以及用户调查表调查尤其有效。市场上用户对产品的看法和反馈成为产品迭代的参考数据，因此需要做好相关的数据分析和资料整理，可为下一次设计出更好的产品提供帮助。

四、以用户为中心的设计中的常用方法

目前常用的UCD的6种方法如表3-1所示，包括：焦点小组座谈、可用性测试、卡片分类法、参与式设计、问卷调查、访谈法。

表3-1 常用的UCD的6种方法

方法	成本	研究类型	样本大小	何时使用
焦点小组座谈	低	定性	低	需求采集
可用性测试	高	定量和定性	低	设计和评价
卡片分类法	高	定量	高	设计
参与式设计	低	定性	低	设计
问卷调查	低	定量	高	需求采集和评价
访谈法	高	定量	低	需求采集和评价

（一）焦点小组座谈

焦点小组（focus group）座谈是由一个经过训练的主持人以一种无结构的自然的形式与一个小组的被调查者交谈，从而获取对一些有关问题的深入了解。主持人负责组织讨论。焦点小组座谈的主要目的是通过倾听一组从调研者所要研究的目标市场中选择来的被调查者的回答，从而获取对一些有关问题的深入了解。这种方法的价值在于常常可以从自由进行的小组讨论中得到一些意想不到的发现。这种方法可以让设计师更了解用户的理解、想法、态度和想要什么。

（二）可用性测试

可用性测试（usability testing），也被称为使用性测试、易用性测试等，是用户体验研究中最常用的一个研究方法。可用性测试是提供产品供代表性的用户进行典型操作，观察用户使用产品的行为过程，关注用户与产品的交互。它更偏重于行为观察的研究。产品可以是一个网站、软件或其他任何产品。可用性测试可以是最早期的低保真原型测试，也可以是后期最终产品的测试。

可用性测试的流程如下。

1.资源准备

环境、设备条件、记录文档、测试人员。

2.任务设计

从测试的目的出发，围绕用户使用目标产品时创建使用情景和相关任务。

3.用户招募

理想的测试者是我们的目标用户，所以可用性测试要努力寻找目标用户作为测试人员。

4.测试执行

预测试+正式测试+每次测试后及时总结。

5.报告呈现

界定问题、区分问题优先级，将有联系的问题综合在一起，分析问题背后的原因和可以解决的方案。

（三）卡片分类法

卡片分类法（card sorting），是一种规划和设计互联网产品或者软件产品的信息构架的方法。它常用于进行导航或者信息架构方面的项目。卡片分类的主要目的是对项目进行逻辑归类。

（四）参与式设计

参与式设计（participatory design，PD），倡导的是让用户深入地融入设计过程中，培养用户的主人翁意识，激发并调动他们的积极性和主动性。“参与式设计”这个概念最早起源于20世纪60年代的北欧国家，最初的含义与“设计”的关系很小，更多是强调参与性，即管理者接受公众的观点，将公众的声音加入决策制定过程中。

之后参与式设计的概念发生了变化，它更多地被应用于城市设计、景观设计、建筑设计、软件开发、产品开发等领域，指在创新过程的不同阶段，所有利益方被邀请与设计师、研究者、开发者合作，共同定义问题、定位产品、提出解决方案，并对方案做评估。

（五）问卷调查

问卷调查（questionnaire）是社会调查中的一种数据收集手段，是指利用网上或纸张的问题清单对用户进行发放填写，从而收集用户对产品的反馈意见，研究用户对产品的态度、行为特征和意见，用户填写完后再收回整理分析，从而得出结论。

在做问卷时必须明确以下2点：研究的主题是什么；问卷调查可以获取哪些信息。

在问题和选项的设计时要注意以下4点：①简洁、明确、用户易理解；②态度中立、无诱导性；③创造性地设计问题；④采用循序渐进、版块化的设计结构。

（六）访谈法

访谈法又称晤谈法，是指通过访员和受访人面对面地交谈来了解受访人的心理和行为的一种方法。访谈的主要目的是从用户的经验和认知中获得有价值的信息。

访谈是需要设计的，如挑选什么样的用户，以及如何制定详细的研究计划。对于访谈研究来说，设计一份合理、详尽、缜密的访谈提纲至关重要。

那么访谈提纲的设计需要注意哪些方面呢？这个问题可以从访谈结构设计和提问方式设计2个方面来解答。

访谈结构设计：①从最简单的问题开始；②从高开放性问题慢慢收敛；③控制问题的数量；④准备问题模块。

提问方式设计：①基于用户现有的经验提问；②在问题的明确性和开放性之间找到平衡；③避免排比式提问。

五、以用户为中心的设计的意义

以用户为中心的设计，在实际设计中具有很大的价值和意义，对产品、企业、设计师、用户有十分重要的影响。

（一）对产品

一个好的产品，首先是用户需求和市场需求的结合，其次是低开发成本。在产品的早期开发过程中，越早引入用户的参与，才能开发出充分迎合目标用户群的需求和切合市场需求的产品，用户对产品的接受程度会上升，在一定程度上就能容忍产品的某些缺陷。同时基于对用户需求的研究，可以判断未来产品的发展趋势，做好产品的整体规划。

（二）对企业

一个成功的产品可以为企业带来巨大的经济利益，帮助企业快速发展。以用户为中心的设计结合了不同的部门，如研究、策划和销售等部门，形成了统一的发展战略，减少了由各部门之间的间隙带来的浪费。以用户为中心的设计由于在最初的研究发展阶段需求资金相对较少，有利于企业制定出产品和服务的发展纲领。

（三）对设计师

以用户为中心的设计可以拓宽设计师的视野，为其提供一个新的设计视角。设计师可以从用户的角度来审视产品、发现问题，然后寻找解决问题的方法。在传统的产品和服务中，设计师、工程技术人员和市场人员一起努力，使产品达到他们的期望，但他们并不是用户，他们的期望并不对等于用户对产品的需求。设计师只有在对用户做相关的研究后，以用户的角度来看待设计，才能使设计出的产品获得成功。

（四）对用户

一个好的设计产品可以使用户快速地达到目的，对于用户来说更容易学会、使用，使用方式更易于记忆，能够帮助用户提高工作效率、降低出错的概率。好的设计产品对于安全的重视，将避免用户使用产品时给用户带来的身体伤害。同时一个好的产品不仅能够满足用户的需求，还可以给用户带来乐趣和美感，让用户获得情感上的满足。

以用户为中心的设计不是万能的灵丹妙药，因为所有对设计的见解都依赖用户，这样有时候就会导致设计出来的产品或服务视野狭窄。建立在不恰当的用户需求上设计出的产品可能会被成千上万人使用，因为用户分段太多，以用户为中心的设计可能变得不实际。尽管如此，以用户为中心的设计还是很有价值，它是数字媒体交互设计方法之一。

第二节　以活动为中心的设计

一、概述

我们所在的这个世界并不是所有的产品都是在以用户为中心的设计方法下被设计出来的，但是这些设计出来的产品依然工作得很好，很受用户欢迎。例如在汽车的设计过程中没有对用户进行系统的研究，因为最早的汽车是按照马车上的座位和驾驶方式来设计的，它的驾驶装置起先类似船舵，然后变成各式各样的手和脚的控制装置，最后演化成今天的模样。我们身边的各种产品，包括剪刀、斧头、打字机、鼠标以及体育用品等，尽管在不同的文化中它们会有一些细微的差别，但是它们基本上是相同的，世界各地的人们都能学会使用。为什么这些物品会工作得那么好呢？最基本的原因就是，当被设计时，这些物品所被用来从事的活动是经过了深入理解的，这就是以活动为中心的设计。

以活动为中心的设计（activity centered design，ACD），其关注的重点不再是“用户”，而是用户要做的“事”或“用户活动”，它使设计人员能够集中精力处理事情本身，因此更适合复杂的设计。

以活动为中心的设计的“活动”指的是完成某一个目标的过程的范畴，

主要有人的行为、工具的使用、面对的对象、所处的环境等。归结到设计方法主要有2个方面：一是对人的因素的研究，既研究人的生理、人的心理、环境等对人的影响，也在文化、审美、价值观等方面对人的要求和人的变化进行研究；二是研究技术的发展与突破可能对人类生活观念上造成的影响，还要研究人与技术之间该如何协调，从而使技术进步带来的巨大改变能更好地为人类服务。因此对于能够对数字媒体交互设计起到推进作用的技术，人们都应该努力地去学习并掌握。从设计师的角度来看，以用户为中心考虑用户的内在需求和心理、生理接受能力的设计固然重要，但也要尝试应用数字媒体技术去设计方便好用的产品。

二、以活动为中心的设计原则

产品被使用和被制作出来就构成了物和人之间的关系，这一关系通过完成相关任务表现出来。用户对产品的操作性、认知性和感性的理解依赖于对客观行为上的观察。究竟如何把握用户行为、如何以活动为中心展开数字媒体交互设计呢？有以下3个设计原则作为参考。

（一）合乎人的尺度

人是产品交互过程中的主要对象和认知主体，因此满足人的需要是第一位的。产品的使用舒适与否、是否合乎人的需求，硬件的尺寸与人体特征参数是否匹配是主要影响因素。这部分的研究主要依靠人机工程学的理论支持，硬件尺度是影响用户行为的关键因素。

（二）考虑人的情绪因素

如果说合乎人的尺度指的是对人的生理结构的满足，满足人的情绪因素则主要从心理角度去考虑人对产品的接受程度。情绪与人在使用产品时要达到的目的通常是没有直接关系的，但情绪上的变化会对人使用产品的行为产生影响。情绪影响人们的决策，能控制身体肌肉，通过化学神经递质改变大脑的运行方式，进而影响操作行为。情绪能够互相传染，同时情绪反映在面部也对其他人的情绪和行为造成影响。

诺曼在《情感化设计》一书中谈到，美观的物品是更好用的。漂亮好看的物品使人感觉良好，而这种良好的感觉会促使他们更具创造性地进行思考。美可以通过影响人的情绪进而影响人的行为，但影响人情绪的因素有很多，包括天气、光线、气温等自然因素，也包括音乐等人为因素。场景的气氛营造、情绪渲染对人类各种社会行为有影响，例如，一个在商店中播放不同类型的音乐对人们购买红酒的行为的研究发现，是否播放音乐或者播放不同类型的音乐不太会影响人们购买红酒的数量，但是却对购买红酒的品质有较大的影响，并且播放爵士乐能够为红酒销售创造更多的利润。

（三）斟酌用户习惯

用户习惯，是长期延续下来的一种用户行为，是用户和产品交互时相互影响、相互适应产生的行为。对于用户习惯这个问题，我们需要分2个方面来考虑：一方面，尊重和强调“用户习惯”具有一定的合理性；另一方面，“用户习惯”不一定是合理的，可能需要颠覆性的设计才能取得成功。

1.尊重用户习惯

习惯是在长时间多频次有意识重复过程中形成的一种自发行为。一个产品的出现并不是独立开来的，用户接触一款新产品时，就已经养成了很多的使用习惯，因此，在设计新产品的时候应该考虑到产品的操作要与用户的习惯相一致，这样可以大大降低理解成本，使用户快速上手。

总之，要尊重用户的思维和习惯。比如所有App的屏幕左上方都是返回上一层级的按钮，右上方则为分享按钮，这样用户在想要返回或分享的时候，会自然而然地点击相关按钮，根本不需要考虑。一些常用的图标具有约定俗成的含义，如小五角星表示收藏，三角形表示播放，向下箭头表示下载等，设计时要尊重这些深入人心的用户习惯，不能用三角形表示收藏，正方形表示播放，向上箭头表示下载。

习惯形成之后将很难改变，不管它是好的还是坏的。例如QWERTY键盘是一个典型的基于用户习惯的设计案例，是劣势产品战胜优势产品的典型代表。最初，打字机的键盘按照字母顺序排列，这符合人们记忆习惯。由于技术不够成熟，如果打字速度过快，某些键的组合容易出现卡键问题，于是克里斯多福·萧尔斯（Christopher Sholes）发明了QWERTY键盘布局，他将最常用的几个字母安置在相反方向，最大限度放慢敲键速度避免卡键。因此QWERTY键盘的打字效率较低，它出现的目的并不是加快打字速度。后来，由于材料工艺和技术的发展，字键卡键的问题得到有效解决，出现很多合理的字母顺序设计方案，可以大大提高打字速度，但都无法推广开来。至今

QWERTY键盘仍然是打字和计算机输入键盘的主流，究其最主要的原因是习惯的力量，改革的成本很高，对于大多数人来讲速度的提高并没有实质性意义。

2.打破用户习惯

“千万不要和用户习惯开战”这话说的是不可打破用户习惯，虽然这一说法过于绝对，但说明了用户习惯的重要性。设计师在设计过程中不能一味迎合用户习惯，这样会降低产品的趣味性，使产品缺乏生气。因此设计师可以在追寻和凸显产品的趣味性的基础上，有限度地改变用户的使用习惯，体现产品的差异化，给用户带来更独特更深刻的体验。

在技术革新日新月异和互联网高速发展的今天，打破用户习惯可以产生很多非常好的产品。如滴滴打车相对于传统的路边拦车通过技术改变了用户的习惯，成为优秀的产品。微信支付和支付宝支付是对刷银行卡支付手段的创新，电子书相对于纸质书实现了改变阅读“介质”的突破。

进行数字媒体交互设计时，设计师是迎合用户使用习惯，还是打破过去的行为习惯呢？设计师应辩证思考，站在更高层次，基于商业目的、用户体验创新、科技创新等去综合考虑。同时，设计师应该遵从设计让世界更美好的原则。尊重用户行为习惯和打破行为习惯都能够创造好的设计。

3.人与技术的协调

以活动为中心的设计的思想涵盖了人需要去适应技术革新带来的生活变化。不应只要求产品去适应人，人也要不断地学习和发展新的技术，这样才可以推动社会进步，同时技术不断进步也可以积极地改变人们的生活。因此，人与技术之间应该相互协调，相互促进。

技术进步可以带来新的消费体验感受，如纽约Kate Spade的可购物橱窗，采用了eBay的科技。这家店铺实际上只有橱窗，橱窗中挂满最新款的服装供顾客浏览实物，顾客可以在旁边的嵌入式平板上操作，了解产品信息，进行现场试衣，并在线购买。在线购买的同时让顾客能够欣赏Kate Spade精心设计的橱窗。

三、以活动为中心的设计要点

当设计师在以活动为中心的设计方法进行数字媒体交互设计的时候，需要注意以下3点。

（一）理清活动背后的用户需求

进行数字媒体交互设计的时候不能为“设计”而“设计”，必须理解产品解决的用户需求和用户对产品的本质需求。这样可以拓展设计师的设计思路，不再局限于“活动”，进行思维上的转变可以产生很多意想不到的设计灵感。

设计师对牙刷进行产品改良设计时，会考虑牙刷的形状是否好看，是否符合人机工程学，刷柄是否舒适易握，便于操控；刷头的刷毛是否采用新材质，是否更好地保护牙龈；颜色是否醒目，能够被大众接受等。但是当用户认真思考之后，其实他们只需要某种产品能够让口腔变得卫生。当认识到牙刷的本质功能是清洁口腔，设计师会思考未来的口腔护理是怎样的？是延续传统的“刷”，还是采取其他方式，例如“喷”和“嚼”，这样一来，设计思路绝不会被限制于牙刷本身。使用田野调查的用户研究方法，以用户本质需求为导向，基于用户行为，能产生新的解决方式。这样设计师能设计出漱口水、牙线、电动牙刷和像口香糖一样清洁口腔的产品。

（二）活动的完成需要适应技术

以活动为中心的设计原则讲述了人与技术的协调，完成相关任务的时候需要适应技术对用户的要求，而不是一味地服从用户的意愿。

用户需要逐渐适应新技术，设计师不仅需要了解这一点，而且可以有效地利用这一点。很多时候用户必须先学习工具和技术，然后才会理解进行的活动，比如射击，必须先理解枪支的结构和特点才能掌握这项运动的精髓。科学家创造技术，设计师将技术转化为产品，用户适应技术。例如，用户从适应用鼠标操控计算机，到适应用手触控操作，用户随着技术的发展改变行为活动。很难证明触控方式是最好的数字媒体交互方式，未来这种方式仍然会改变，用户将继续适应新技术。

（三）设计可以引导活动更好地完成

以活动为中心的设计，并不是要求设计师分析和观察用户的行为，然后设计产品迎合用户的需求。以活动为中心的设计还需要设计师在适当的时间、适当的地点通过特定的设计引导用户行为达到某种目的，这是“以行为为中心”与“以用户为中心”2种设计思维的不同。设计对行为的引导可以是消极的也可以是积极的，这种引导可以从生理和心理2个层面理解，概括来讲主要包括约束和刺激2种方法。

1.约束

生活中总有些状况让我们无所适从摸不着头脑，例如掏出一串钥匙不知道哪一把是正确的；拿出U盘准备插入电脑的时候会犹豫哪一面是正确的。类似的犹豫充分说明用户有选择，避免这种选择错误最好的办法是给用户唯一选择。因此设计师通过对产品进行约束的设计方法，可以引导用户正确操作。

如果用户能轻易发现产品物理结构上的限制性因素，就可以有效地避免错误操作。以门把手的设计为例，如果去掉把手，用户明白这扇门需要推开。生活中很多门被写上“推”或“拉”的文字，这是方便用户使用的设计，但此时这扇门的使用方式需进行2个层次的理解，对其本身而言并不是好的设计，不仅增加了成本，而且增加了用户理解的负担。

在公园、购物中心或广场，提供给人们休息的座椅利用率很低，设计供三人或四人使用的长椅经常只有一个人坐。尽管很多人徘徊、找不到座位，但他们不愿意和陌生人坐在一起。原因是他们需要私密空间，对陌生人有本能的排斥，而传统长椅的特点使他们感到和陌生人过于亲密。

2.刺激

在设计原则中讲到考虑人的情绪因素，可见用户喜欢漂亮的产品。产品形态、色彩、材质甚至是声音和触感等都属于这类刺激因素，通过刺激用户，可以激发用户思考，引导用户行为朝着预定的方向改变，从而完成产品需要完成的任务，达到其目的。

原研哉编写的《设计中的设计》一书讲到坂茂设计的卷筒卫生纸，它是设计可以引导用户更好完成任务的绝佳例子，包含着约束和刺激2个层面的引导。坂茂设计的卫生纸卷芯和纸都呈方形，因此用户使用时有阻尼感并发出“咔嗒咔嗒”声。由于不流畅的体验，抽出的纸比预想得少，传统的圆形纸筒拉扯滚动流畅，最终抽出的纸比实际需要得多。拉扯方形纸筒时，产生阻力并发出不悦耳的声音，刺激用户，引发用户思考，激发用户潜在的节约资源的意识，将用户行为朝着良性方向引导，有降低资源消耗并传递节约用纸的信息的作用。产品包装设计也如此，放置时圆形纸卷间隙大，而方形纸卷能紧靠一起，可节省运输和存储空间，节省运输和存储成本。

第三节　以目标为导向的设计

一、概述

以目标为导向的设计（goal directed design，GDD）是交互设计之父艾伦·库珀（Alan Cooper）在《交互设计之路：让高科技回归人性》以及《About face 4：交互设计精髓》等书里面阐述的设计方法，是其在IDEO公司工作期间研究的一种新的开发软件和交互设计产品的方法。这种数字媒体交互设计方法为设计师提供研究用户需求和用户体验的操作流程和相关技术。其方法的核心在于产品设计是帮助用户实现目标，在实现的过程中，需要对用户进行相关研究以便完成一系列任务。本节主要介绍其方法内容。

以目标为导向的设计综合了以下方面的技术：人种学研究（ethnography）、利益相关者（如投资商、开发者）访谈、市场调研、用户模型的建立、基于场景的设计，以及一组核心的交互设计原则和模式。采用这种方法既可以满足用户对产品的需要，又能获取业务和技术需求的解决方案。在产品设计过程中，设计师要规划和理解使用其产品的用户如何工作和生活，使设计的产品形式能够支持和促进用户行为，帮助使用者实现用户目标。目标导向设计要求充分理解用户目标，并基于用户目标建立用户模型用以定义用户需求，然后以用户需求指导产品的数字媒体交互设计。①

数字媒体交互设计不是凭空想象，成功的设计师应该在产品开发过程中对用户目标保持高度敏感，而以目标为导向的设计方法是帮助设计师在定义和设计产品时需要解决大部分问题的有效工具，这些问题如下：①用户是谁？②用户试图实现什么目标？③用户如何看待他们要实现的目标？④用户认为哪些体验具有吸引力？⑤产品应当如何工作？⑥产品应当采用何种形式？⑦产品功能如何能有效地组织在一起？⑧产品以何种方式面向首次使用的用户？⑨产品如何在技术上实现易于理解、让人喜欢和易于操控？⑩产品

①夏孟娜，赖亮鑫．交互设计创造高效用户体验[M]．广州：华南理工大学出版社，2018：69.

如何处理用户遇到的问题？⑪产品如何帮助不常使用或者新用户实现其目标？⑫产品如何为骨灰级用户提供足够的深度使用功能？

二、以目标为导向的设计流程

艾伦·库珀在《About face 4：交互设计精髓》一书中将设计过程分为以下6个阶段：研究、建模、需求、框架、提炼和支持。这些阶段同IDEO公司提出的交互设计的构成活动一致，即理解、抽象、架构、呈现和细节。然而以目标为导向的设计更加强调对用户行为建模和对系统行为的定义。以目标为导向的数字媒体交互设计流程如表3-2所示。

表3-2　以目标为导向的设计流程

初始	设计	构建	测试	发布
研究	研究范围： 定义项目目标和日程	目标、时间进度、财务因素、进程、里程碑	会议 能力和范围确定	文档 工作内容描述
	审计： 审查现在的工作和产品	商业和营销计划、品牌策略、市场研究、产品线计划、竞争对手、相关科技		
	利益关系人访谈： 了解产品前景规划和各种限制	产品前景规划、风险可能、各种限制、后勤、使用者	访谈 和利益关系人和使用者的访谈	
	使用者访谈和观察： 了解使用者需求和行为	使用者、潜在使用者、行为、态度、能力、动机、环境、工具、困难	记录： 初期的研究发现	
建模	人物角色： 使用者和客户模型	使用者和客户的行为、态度、能力、目标、动机、环境、工具、困难等模式	记录： 人物角色	

表3-2（续）

初始	设计	构建	测试	发布
建模	其他模型： 表示产品所处领域的因素，而非关于使用者和客户的因素	多个人群、多个环境、多个工具间的工作流		
需求定义	场景剧本： 表示产品所处领域的因素，而非关于使用者和客户的因素	产品如何放在人物角色的生活和环境中，并帮助他们实现目标	记录： 场景剧本和需求	文档： 产品和领域分析
	需求： 描述产品必需具备的功能	功能需求、数据需求、使用者心理模型、设计需求、产品前景、商业需求、技术	演示： 使用者和领域分析	
设计框架	元素： 定义信息和功能如何表现	信息、功能、机制、动作、领域、对象模型	记录： 设计框架	
	框架： 设计使用者体验的整体构架	对象关系、概念分组、导航序列、原则和模式、草图、故事板		
	关键线路和验证性场景剧本 描述人物角色和产品的交互	产品如何适应使用者理想的行为序列，以及如何迎合其他各种类似的情况	演示： 设计原理	
设计细化（提炼）	细节设计： 将细节具体化	外观、界面、小部件、行为、信息、视觉化、品牌、体验、语言、故事板	记录： 设计细化	文档： 外形和行为规格说明
设计支持	设计修正： 适应新的约束因素和时间线	在技术约束发生改变时，保持设计概念的完整性	协同设计	修正： 外形和行为规格说明

（一）研究

研究阶段利用人种学（ethnology）实地研究技术（观察和情景访谈），获取有关真正或潜在的产品用户的定性数据。还包括对竞争产品的调查，对市场的研究和对品牌战略进行分析，以及与产品利益相关人、开发人员、产品行业领域专家和特定技术专家进行访谈。

通过实地观察并进行用户访谈的最主要的目的在于能从中发现用户行为模式，从而帮助设计师对现有产品或正在开发的产品使用方式进行分类。从用户行为模式能分析用户使用产品的目标和动机，及用户使用该产品希望达到的具体或一般性结果。对于商业和科技领域，这些行为模式对应某种职业角色；而对于消费产品，这些模式对应着生活方式的选择、行为模式以及人物模型。市场研究有助于人物角色进行选取，通过筛选和过滤从而选择适合产品模型的人物角色。利益相关者访谈、文献研究以及产品研究能够加深设计师对产品所属领域的理解，阐明产品的商业目标、品牌属性及技术限制等。

（二）建模

通过上一个阶段对现场研究和访谈的分析，设计师得到用户的行为模式，通过引入“用户模型”这个概念，方便设计师了解用户的行为、思考模式、预期目标以及为什么制定这种目标，给设计师提供精确思考和交流的方法。人物模型不是真正的人，它是研究中众多真实用户的行为和动机的代表。也就是说人物模型是合成模型，建立在调查过程中发现的用户行为模式基础上。人物模型是经过人为加工的用户模型，它代表在使用行为、态度、能力、目标以及动机方面有显著不同的用户。用户建模提炼出这些用户模型和环境因素，在定义框架阶段用于产生产品概念。同时也可以为产品优化阶段提供反馈，以保证设计的一致性。

在建模过程中设计一款能够满足多样化用户喜欢的产品，功能应该尽可能广泛才可以满足更多的用户。然而这种思路有缺陷，在建模的时候设计师应该关注特定个体的产品，不要求大贪全，因为功能过于复杂会增加用户的认知负担，对用户造成使用困扰。

（三）需求定义

在需求定义阶段，设计团队采用的设计方法为用户和其他模型之间提供紧密的联系，同时也提供了设计框架。这一阶段主要基于以场景为基础的设计方法，其重要突破点在于不仅关注抽象的用户任务，而且关注人物模型对产品的需求，重视产品如何在创建的人物模型的生活环境设定中帮助用户实现目标和需求。人物模型可以帮设计师确定哪些任务重要和为什么重要，设计的产品能最小化工作量和最大化企业收益。场景的主角是人物模型，设计师通过角色扮演的形式探索设计空间，为设计提供思路和见解。

对于每个界面或首要人物模型来说，在需求定义阶段的设计过程中要分析人物模型数据和功能需求并用对象、动作和情境阐述。在不同的情境中，基于人物模型的目标、行为及其他人物模型的交互对这些数据和需求进行优先级排序并获取信息。

（四）设计框架

在以目标为导向的设计中，设计师从高层次关注用户界面和相关行为的整体结构的阶段称为设计框架，设计时不能直接从细节入手，只着眼于局部，设计框架在设计中起到高屋建瓴的作用，是总领全局的观念。

这一阶段重点定义各种设计元素，着重考虑信息和功能的展现，其中信息、功能、机制、动作和人物模型都是重要的组成部分。通过对用户调研的结果、技术可行性和商业价值的综合考虑，交互设计师为产品的目标创建概念模型，从而为产品的用户行为和视觉设计可能的物理形态（工业设计）定义基本框架。

基于用户行为分析的相关数据和层级结构被设计师用作交互框架定义（interaction framework），这是一种固定的设计模式，为后面的细节设计提供交互逻辑和高层次的形式结构。交互框架出现之后，视觉设计师开始使用视觉语言研究开发视觉设计框架（visual design framework），也称为设计原型。主要从图形、字体、颜色体现品牌属性和设计风格。如果产品具有物理形态，则设计师采用形式语言研究开发物理模型和设计模型（industrial design framework），用以确保整体的交互概念可用。

（五）提炼

提炼阶段也称为细化设计阶段，这一阶段与框架定义阶段相似，但更注重细节呈现。交互设计师更专注活动的一致性，通过对关键场景和验证场景检验其是否合理。视觉设计师通过对产品风格类型的定义和对图标、文字、颜色等视觉元素的应用创造层次分明的视觉界面，为用户提供良好的用户体验。设计师在恰当的时候确定材料并和工程人员合作，完成装备方案和生产技术论证。提炼阶段的尾声是提供一份详细的设计文档，以形式和行为规范或蓝图的方式呈现。

（六）开发支持

即使精心构思并通过验证的设计也无法预计开发过程中遇到的每个困难。开发者构建产品的过程中要能及时回答用户随时提出的疑问，开发团队经常为赶工期而将工作按优先级排序，因此他们会缩减开发周期。如果设计团队不调整方案，开发人员不得不因时间紧迫而擅自修改，这样可能严重地损害产品的完整性。

三、以目标为导向的主要内容

以目标为导向的数字媒体交互设计内容主要由人物角色（用户模型）、目标和场景3部分组成。目标是用户对使用的产品的期望，设计师需要考虑不同的人物角色在不同的场景中的使用方式。从目标用户入手，明确用户使用产品需达到的目标，运用场景分析产品能否达到用户的需求，是以目标为导向的设计方法的基本思路。

（一）人物角色

人物角色是针对产品目标用户群体真实特征的描绘，是真实用户的综合原型，人物角色不是真实的人物，但是在设计过程中代表着真实的人物，具有目标群体的真实特征。通过对产品使用者的目标、行为和观点等进行研究，将这些要素抽象综合成为一组对典型产品使用者的描述，以辅助产品的决策和设计。

为了确定目标用户群体，设计师通过创建一个人物角色分析用户潜在使用环境与其他行为模式的关系。通过对人物角色添加一些简要的内容使其更加真实。

一般包含姓名、照片、个人基本信息、对要设计的产品的相关领域产品使用情况的描述、日常生活的描述、用户目标期望、产品使用行为描述。

人物角色模型是一种非常实用的数字媒体交互设计工具，在产品开发过程中有助于解决遇到的难题，有以下主要作用：①确定产品的功能，人物角色的目标与人物奠定整个设计的基础。②促成意见统一，帮助团队内部确立适当的期望值和目标，一起创造精确的共享版本。③创造效率，让每个设计师优先考虑有关目标用户和功能的问题。④带来更好的决策，与传统的市场细分不同，人物角色关注的是用户的目标、行为和观点。

（二）用户目标

如果人物角色为方便观察用户行为提供情境，那么用户目标是这些行为背后的驱动力。在任务完成的过程中反映出产品的功能和行为，一般情况下任务越少越好，任务只是达到结果的手段，而目标才是最终的目的。在进行数字媒体交互设计的时候要始终坚持以用户目标作为设计的方向。

唐纳德·A.诺曼在《情感化设计》一书中提到产品设计的3个不同设计维度，即本能、行为和反思。诺曼提出这3种维度对于用户产生体验目标、最终目标和人生目标3种用户目标类型的影响。

体验目标是简单、通用且个性化的，表达用户在使用产品时期望的感受或与产品交互的感受。

最终目标代表用户使用某个具体产品执行任务的动作，是决定产品整体体验较为重要的因素之一。最终目标的实现体现为用户觉得付出的时间和金钱是值得的。

人生目标代表用户的个人期待，通常超越了涉及的产品的情境，是用户深层次的驱动力和动机的反映。人生目标是人物角色长期欲望、动机和行为特征的描述。

（三）场景

场景是用具体的故事阐述设计方案的一种方法，告诉用户产品在什么样的原因和什么情况下使用。

创建好的场景需要解决下列关键的问题：①用户是谁？②用户为什么会使用该产品？③用户如何完成自己的目标？

对于数字媒体交互设计来说，可以分为以下3类场景：①基于目标或任务的场景；②精细化的场景；③全面的场景。

第四章　数字媒体交互元素细节设计及整合思路

第一节　交互元素视觉系统设计

一、进度显示和启动屏幕设计

对于网页界面、计算机软件界面、移动媒体界面、客户信息终端机界面而言，在交互行为发生之初，最先出场的交互元素大多是以进度显示（loading）和启动屏幕为主。它们仿佛是徐徐拉开舞台帷幕的天使，预示着演出即将开始。

（一）进度显示的设计

进度显示是交互行为发生之初或过程中，被用户感知到的交互元素之一。它具体是指那些在进入主页面或页面跳转的过程中，出现的进度提示，由于它多以loading字样或渐进式百分比的横条形状出现，又称为进度条或loading条。它所传达的信息是：当前正在执行交互命令，以及已经执行到什么程度了，还有多久才能执行完，以便用户可以根据情况选择继续等待或离开。

1.应用

一般用于有多个flash动画文件的网站、软件初始过程、移动客户端的App页面开启、页面跳转以及文件传输过程等。[①]

2.目的

进度显示的目的是填充由于数据下载或数据传输所造成的用户等待的“垃圾时间”。据说用户在打开网页的等待过程中，10秒堪比实际生活中等待10分钟的内心感受，可见对这段垃圾时间的回应多么必要。这种对用户交互行为的回应，是为了让用户知道，系统已经收到了命令，并正在执行命令，

①范博乐.交互可视化中视觉元素的信息传递效率研究[D].北京：北京邮电大学，2023：15.

只是需要一定时间的耐心等待而已。进度显示是满足用户的知情权的最有效方式之一。这与时下很多电视台在插播广告时出现的剩余广告时间的秒表提醒的做法如出一辙，目的皆出于对人的知情权和选择权的尊重。

3.使用原则

在页面开启或页面转换过程中，一般超过2秒的用户等待时间，就有必要使用进度显示了。进度显示的存在，使用户即使等待5秒，甚至10秒，用户也不会觉得空洞而茫然。

4.内部填充（百分比数字、色彩进度条、自定义图像、沙漏）

进度显示一般由百分比数字或色彩进度条，或者两者相组合的形式出现，内部填充看起来有较强的立体感，进度条的渐变方向多是从左向右水平方向的，也有垂直方向或任意角度的。

除以上形式外，也有一些以沙漏的图形来显示进度。在空白界面上，当鼠标变成一个沙漏，表明正在运转中。沙漏的设计非常经典。因为沙漏的概念本身就是与时间有关的。沙漏又称“沙钟”，是我国古代一种计量时间的仪器。它是根据流沙从一个容器漏到另一个容器的数量来计量时间。这种采用流沙代替水的方法，是由于北方冬天空气寒冷，水容易结冰的缘故。虽然沙漏提示不如进度条那样明确地示意出进展，也是给用户以基本的回应。

同时，也有以自定义图形填充的。比如一些个性网站，自己设计一个与该网站主题相符的图形作为进度显示。这样既缓解了用户等待过程的焦急情绪，又起到强化企业品牌形象的作用，可谓一举两得。

在设计进度显示时，可以充分发挥想象力和艺术创造力，创造出充满创意的个性进度显示。但必须注意的是在同一系列界面范围内的进度提示的外观应该是一致的。比如某一个网站在打开首页的进度提示的外观式样与其他子界面上的进度提示外观应该是相同的，否则会造成用户的疑惑感。

5.skip功能的必要性

进度条的作用往往相当于好莱坞电影中所说的开场5分钟原则，它的非凡创意往往能够决定是否吸引住观众。当然，好多优秀的进度条创意本身的flash性质也增加了文件大小，使网页的打开速度变慢。未必所有的浏览者都愿意等待，此时，略过功能就显得人性化很多。总之，无论如何，我们应该根据交互作品的整体风格和需要进行有趣的进度条设计。

（二）启动屏幕的设计

启动屏幕和进度显示在某种程度上非常相似。它一般由小动画构成，包含产品标识、版本号、加载进度等信息，多用于软件启动之初或进入页面之前，目的之一是用来缓解由于数据下载所需的用户等待的焦虑情绪或填补界面在静止状态时的空白感。更为重要的目的是起到品牌宣传、推广的作用。较为常见的是美国Adobe公司的各大软件在开启的过程中所设计的启动屏幕。

另外，启动屏幕还较为广泛地应用在用户信息终端机的界面上，例如各大银行自动存取款机的界面上，都会以企业宣传性质的小动画作为启动屏幕，小动画的内容或是企业形象的宣传广告，或是品牌新近推出的促销活动等。同时，屏幕启动动画还会配有相应的听觉元素，比如企业宣传的解说词或与推荐活动主题相符合的背景音乐等。

1.启动屏幕的设计原则

启动屏幕的设计原则与进度条的设计有很多相似之处，在此就不赘述了。然而，启动屏幕的设计应以宣传某交互产品、树立企业形象、突出品牌的名称LOGO和特色价值为目的，还可以借此平台添加问候语，拉近与用户的情感距离，甚至可以是说明书或小游戏等操作说明。

比如淘宝的App上的启动动画：淘宝，太好逛了吧。即企业名称+企业广告语，配合橘黄色的企业标准色和诙谐的手写体字体，非常简明扼要地传达了淘宝作为大型网上购物平台的特征。而晋江小说阅读的启动动画则延续文学、文艺的书卷气质，淡雅的插图感画面带领我们进入书香的世界。

2.只需首次下载和播放启动屏幕功能的设置

如同skip（略过）键的设置一样，对于开启动画进行首次下载的提示和设定也是必要的。尤其是当下的App产品，在程序设置和页面文字提醒方面，要明确地让用户知晓，仅需首次占用流量下载及耐心等待下载完成。

二、交互元素设计

当进度显示和启动屏幕拉开了界面帷幕之后，用户终于见到了众多演员——图像、文字、导航、斑马纹、按钮、交互文本框等交互元素的亮相。下面，我们逐一地认识这些交互元素。

（一）图像[静态图形（图片）、动态影像]的设计

图像无疑是交互界面上当之无愧的第一交互元素。它具有独特的交互优势。它的信息承载量远大于文字，而且，图像比文字的传达更形象。它所蕴含的亲和力和艺术张力也是文字所无法比拟的。

图像本身的特质是直接而更形象的。世界是物质的，是由有形物体组成的。图像是构成世界的元素。人类早期对图形的崇拜源自人类认识周遭的本能。在文字还未出现之前，图像与人类的生活最为密切。人类用图形记录生活，抒发喜怒哀乐的情绪，进行图腾崇拜，甚至用图形驱邪、祈福。中国汉字的起源也来自有形世界，最早的汉字就是象形文字。直至今天，我们所熟知的大量繁体字由象形字一路发展过来的轨迹仍然依稀可见。比如“月”字，现代汉字和古代象形字之间几乎相差无几；又如繁体汉字“馬”，把马儿飘逸的鬃毛、健硕的躯体和矫健的四肢勾画得栩栩如生；象形是最原始的造字方法。之后，由于它无法把万物全部画出来的局限性，才慢慢地发展出表意、指事、形声这些新的造字方法，但文字的发展进程是在图形的基础上，组合、添加、删减笔画而成的。时至今日，对于西方人而言，他们仍视汉字为图形。20世纪末以来，信息的过剩，生活节奏的加快，人们似乎没有足够的时间和耐心进行大量的文字阅读，而图形的信息传递方式显然更易于被人们接受。

图像可以超越语言的限制。当美国决定把核试验废料埋在沙漠里时，规定一万年以后才能解除危险警报。然而一万年以后，英语可能已经消失了，那么，应该用何种途径给未来的人类以警示呢？最后，科学家决定用简单的图形与未来人类交流，相信这会是一个相对奏效的方法。美国电影《Babel》，把圣经里关于通天塔的故事做了新的诠释。通天塔即Babel，是《圣经》第十一章中上帝为了制服那些妄自尊大、妄想修一座天塔与上帝见面的人们的惩罚。那么，上帝是用什么方式惩罚他们的呢？上帝混乱了这些人的语言，其后果使得诺亚方舟上的人们各自有了对方不懂的语言。当语言的障碍导致思想无法交流的时候，猜忌、误会、冲突便接踵而来。可见，语言、文字是造成文化差异的根源。然而，图形则可以在一定程度上超越语言的限制。旅美艺术家徐冰的系列作品《天书》和《地书》中，图形被赋予了崭新的含义，创作出了崭新的艺术语言。尤其是《地书》，图形似乎替代文字成了新的国际通用文本。诚然，该作品承载着艺术家“普天同文”的艺术理想，同时，也是对图形所特有的跨越语言藩篱的功能的延展。

图像分为静态图像和动态图像（视频），静态图像又细分为图标和图片2种。首先我们一起来看看静态图像中的图标。

1.图标元素

（1）交互界面上的图标

各种交互界面上的图标，想必已经成了我们日常生活中打交道最多的特殊朋友了。然而，当我们今天熟练地识别使用着各种人机交互操作系统的时候，可曾知道，由众多图标组成的交互界面在上市初期，也并不被看好。很多软件开发商都曾怀疑过是否有必要投入人力、物力来开发这种全新的图标操作界面。他们担心用户是否愿意花费力气来掌握这种全新的图标用户界面。因为，在这之前，早期的计算机界面是数字运算的，针对的用户也是军事方面的专门人才。然而，令这些犹豫不决的开发商没想到的是这种从未出现过的以系统的图标为软件的界面，经过IBM和微软公司的迅速推广，大大降低了计算机界面的操作难度，也无形中拉近了计算机与用户之间的距离。图标界面对早期计算机与用户的良好互动起到了至关重要的作用。

随着时间的推移，实践愈发证明了这种图标软件界面以其绝对的优势，在过去的几十年间发挥着不可替代的作用。它把复杂的交互程序视觉化、形象化、生活化，供用户识别、记忆。图标堪称数字界面中，最为基本，最为重要，发展速度最快，迄今为止发展最为完善的交互元素。随着数字智能化技术的不断更新，图标在数字化生活中所扮演的角色将越发重要，图标在数字交互界面上的价值也将得到进一步的提升。

（2）图标类型

图标分为系统程序图标、应用软件图标、工具栏图标以及按钮图标。

系统程序图标（application icons）是指计算机程序自带的程序图标，诸如废纸篓、文件夹图标等，具有办公娱乐功能，而且图标外形是源于生活中已存的实物的图形转义。单击可以拖曳，双击可以进入新的链接界面。

应用软件图标（software icons）是指那些由相关软件开发公司开发出来的，供使用者对影音、文字编辑处理的应用软件图标，比如Word、Adobe公司的一些图形处理软件的图标。

工具栏图标（toolbar icons）是指软件图标上的工具图标，点击后可以完成用户对文字和图像的编辑任务。

按钮图标（button icons）是指形似现实生活中的按钮，点击、触碰后具有链接功能的图标。

前3种图标皆属于引导性图标，对于初次用户来说，并不知道这些图标是可以点按，并且在点按之后能够执行命令的。但随着使用次数的增多，使用习惯会渐渐地培养起来。

而按钮图标则不然，本身就带有相对明显的可以点击的信号。因为多数按钮图标是模拟生活中已存的按钮属性而设计的。

（3）图标尺寸

通常情况下，图标不会单独出现，而是多个图标的排列组合。因此，鉴于整体摆放秩序感的需要，图标多采用正方形构图，以至于有些设计师把图标设计比喻成方寸构图的艺术设计。而且，图标是成组地分布在数字媒体交互界面上的，故图标的尺寸必须与屏幕尺寸和屏幕分辨率相匹配。

原则上来说，单个图标的尺寸在12像素×12像素、16像素×16像素、24像素×24像素、32像素×32像素、48像素×48像素、57像素×57像素、72像素×72像素、128像素×128像素、144像素×144像素、512像素×512像素、1024像素×1024像素区间中视不同的界面应用平台而定，在240像素宽度以上屏幕上的图标显示才能够看到细节。

最大图标的宝座曾由出现在苹果系统应用图标中128像素×128像素的图标占有。当年为苹果系统所独有的DOCK弹性的拖放、缩放图标的功能，如今随着Object Dock在Windows环境下的运行，也使得PC机上的图标的最大尺寸发生了变化。

最小的12像素×12像素尺寸出现在手机系统图标中。这种尺寸的图标很少，通常，与手持设备的屏幕尺寸（600像素×480像素与108像素×96像素之间）和LCD分辨率相匹配的，移动设备上的图标尺寸应在64像素×64像素至96像素×96像素之间。

（4）图标色彩

图标分为16位色、24位色、32位色图标，实际应用中，最常用的是24位色，至于32位色是用来体现半透明的程度的，视觉上实际和24位色没多大差别。

（5）图标的使用格式

图标的常用格式有PNG、GIF、BMP、ICO（ICOS）和ICNS。

PNG（portable network graphics）网络桌面图形无损压缩，即压缩后图片不失真。透明背景，图片质量不错，文件体积又不过大，兼顾图像质量和文件大小。因此多用于Java程序中。缺点是不支持动画效果。

GIF（graphics interchange format），该格式的优点是压缩文件的体积小，磁盘空间占用少；缺点是虽具有背景透明的特点，但透明图标的边缘会出现锯齿。

BMP（bitmap），该格式其实就是位图格式，无压缩，因此体积很大，图像信息较丰富。该图片格式由像素集合组成，因此不可放大，放大之后会出现锯齿模糊问题。

ICO和ICOS，是分别运行于Windows（PC）系统和Macintosh（苹果）系统图标的文件格式，支持多通道透明，有很多其他格式的文件可以在Icon Workshop软件中转换成ICO格式。

ICNS，仅限于系统里的格式。

（6）图标的动态变化

图标所具有的作用除了供识别外，还供用户点击，完成链接和移动对象的请求。无论何种动态变化效果，均属于对用户交互行为的必要反馈，以及准确地执行用户命令。常见的变化分为以下5种。

第一种：在图标的上方或下方显现文字说明，即文本描述。仿佛是图标自己开口说话向用户进行自我介绍，告诉用户它是谁。进一步起到明确图标所示意的功能的作用。

第二种：在鼠标滑过时，图标本身也会出现矩形的背景边框，类似实际生活中按钮被按压后的变化效果。

第三种：图标色彩的明度或纯度，图标质感发生一定的变化。

第四种：图标的体积出现细微的缩放变化。

第五种：两种或以上的变化效果同时出现是较为常见的。

图标在动态交互的过程中，除了链接的功能外，还可以拖曳、移动。那么，它的动态变化分别出现在拖曳图标动作发生的过程中和释放图标的交互动作后。在拖曳的过程中，图标的透明度变低或图标的尺寸出现缩放变化。

（7）图标常用的风格设计

图标在系统程序图标、应用软件图标、工具栏图标以及按钮图标的基础上，又细分为网页图标、电脑图标、生活图标、表情图标、人物头像图标、节日图标等。根据图标的应用性和使用人群进行图标的风格化设计也显得很重要。

质朴平面感：早期的图标都以平面为主，甚至是黑白的、质朴的线条勾画。

立体质感：如今我们闭上眼睛，脑海里都能浮现出形状各异的手机图标或电脑图标。图形界面上图形的种类也由过去平面的，有些呆板的图标变得丰富、有趣，甚至充满感情。随着3D技术的发展，用3D软件绘出了比从前的平面图片看起来更立体、更逼真的图标，并被渲染得充满科技感。虚拟的真实感迎面而来，并且具有丰富的质感。

真实照片感：由图标要寓意的事物原样拍摄后，进行必要的处理而得来。它更加真实，有说服力和现场感。而且绝不会出现隐喻图标所带来的理解偏差。比如iPad的超写实感的笔记本、信纸、通讯录等，通讯录中缝处的孔眼都清晰可见。

插图感：是近年来比较流行，被很多年轻人所接受的。这与我们现代人追求更加轻松的生活方式有关。另外，对于看着日本漫画长大的一代人，他们的审美取向多少会受其影响，于是，Q版的、卡通风格的图标受到越来越多的年轻用户的青睐。

主题风格：整组图标的设计遵循某一特定的主题。

（8）图标制作的常用软件

Adobe illustrator：该软件具有绘制矢量图形的功能，便于图标反复缩放处理。

Photoshop：可以利用该软件直接进行位图图标（BMP）的设计，但前提是确定图标目标屏幕支持位图的色彩深度显示。

MAXON Cinema：可进行图标3D效果的处理。例如建模、渲染、材质和后期美化等。

IconCool：专门的图标编辑、制作软件，软件自带大量图标，也支持将图片导入做成图标。还能直接生成GIF动画，将图标指针化测试等。

JPEG Optimizer：具有超强的JPEG图片压缩功能，在图片质量不受损的前提下，图片尺寸被缩小一半。

（9）图标色彩应用

现在电脑和多数手机的显示屏都支持真彩色了，但也不意味着我们可以使用256色板中任何一种颜色进行图标设计，否则会造成图标色彩的过分喧闹而破坏视觉感受的基本需求。对于手持移动媒体，例如手机的图标色彩设计还要考虑目前常用LCD（liquid crystal display，液晶显示器）显示屏仅支持16位色彩，因此，稳妥起见，应尽量使用标准色标中的颜色。

（10）图标设计的特性——可识别性

图形的信息传达量大于文字，对于图标而言，前提是图标的可识别性，也就是说要考虑图标的隐喻性是直接而明显的，图标所代表的意思应该是用户熟知的。让用户不得不花费时间去猜测的图标，一定会造成交互障碍，甚至导致交互错误。美国的一个网页设计师结合他多年的实践经验编撰了一本名为《别让我思考》的书籍，书名显然是站在用户的角度上，一语道破交互设计的基本原则。就图标设计而言，即说明别让用户思考就能识别的图标才是好图标。因为，比起标识的设计，界面图标的设计恰恰需要在尊重事物本来面貌的基础上进行适度的艺术提炼，而不必像标识设计那样追求文化的象征和寓意，否则会无形中增加用户的识别和记忆成本。

（11）图标设计的一致性原则

这里的一致性既包含图标与界面在风格、色彩、质感上的一致性与和谐关系，同时也包含图标本身诸多细节的一致性。比如图标透视角度的一致、光影方向的一致、质感的一致等。

第一，透视角度的一致。

图标多是以小组和系列出现的，因此保证同一范畴内图标的透视角度的一致是必需的，它避免用户产生不必要的视觉混淆。无论采用俯视、仰视还是正面、侧面，一定要保证每个图标的透视角度都是统一的。在图标的设计中，有的设计师为体现图标本身的视觉张力，可能会采用夸张的视角，比如广角变形，以及苹果系统里的弹性鱼眼图标的动态变化，都是很有趣的设计。但一般意义上同一界面的图标设计，还是建议保持每个图标具有统一的透视关系。

第二，光影方向的一致。

我们发现，从图标出现至今，除去最早期单纯的平面图标没有光影的变化之外，从世界上首个彩色界面开始，图标的设计者就模拟真实的视觉经验设计出了具有光影变化的图标，并且吸取了摄影的拍摄技法多采用顶部左侧照明。因为在侧面光源的照射下物体会出现阴影，可增强物体的立体感。左侧光源比右侧光源更符合视觉规律，具有真实感。

而今，得益于3D技术的辅助，图标的光影设计水平更是登峰造极。逼真的光影渲染，极大地满足了用户的视觉体验。多采用早期好莱坞经典的三点布光原则，即主光、补光、背景光的原则。时下，图标的设计较常用左侧顶光影的设计，除此之外，顶部光源也是图标设计较多采用的，目的是增加图标的底座光影，仿佛图标是踏实地置身于界面空间上的，而不是飘在空气中的。还有把界面虚拟成仿佛玻璃般光滑的反光表面，图标置身其中出现清晰倒影，视觉感知极为丰富。更为称绝的是某些图标的倒影细节设计近乎完美。

第三，质感的一致。

无论是金属质感、玻璃质感还是木头质感，生活中无数种物件的质感随你选择、渲染，以满足不同喜好风格的用户的要求，然而，一定要确保同一系列的图标，或同一应用平台上的图标的材质一致。

（12）图标的绘制

建议首先用铅笔在纸张上绘制草图、并反复推敲、修改，直至总体风格确定为止，以免直接用软件渲染浪费时间。这一步也就是通常意义上所说的纸原型阶段。随后，当草图方案确定后，再导入电脑，用如Freehand，3ds MAX或Photoshop等类似的可绘制矢量图形的软件创建基本图形，在现有的界面上进行加工。这个阶段称为低保真原型设计。最后，进行高保真原型的制作，用电脑做进一步的调色、渲染的完善工作。也可用合适的特效再加工一下，以便制作出视觉上与实际产品类似，用户体验上也与真实产品相差无几的图标。包括仿真Demo展示（供商业客户或测试人员审阅的声情并茂的内部示范版本）的制作等。比如我们要绘制32像素×32像素图标，在纸原型上勾画出大体轮廓后，把该图导入电脑，再用可绘制矢量图形的软件勾勒出矢量图，并进行着色、渲染等加工，然后把该矢量图标用PNG的格式导出为一个32像素×32像素的背景透明的文件即可。另外，需要注意的是，图标的设计始终属于目标屏幕设计，也就是说图标设计之初就要锁定目标屏幕的尺寸，再进行有的放矢的设计。比如，移动设备上的图标尺寸还要考虑交互前和交互后尺寸的缩放变化。一般情况下，遵循宁大毋小的原则，即从设计大图标开始，再在大图标的基础上，设计小图标。但切记不可简单地缩小。最佳原则是设计多大尺寸的图标就使用多大的。

（13）拟物化图标和扁平化图标设计的比较

拟物化（realism）图标设计由来已久，可以说图标的产生就是基于对现实生活中物件存在特征的模拟，基于对人在日常生活中长期形成的生活习惯的模拟，以便达到人机交互过程中的熟悉感和亲切感，降低用户的学习成本。而拟物化图标登峰造极之作当属苹果iOS系统的图标设计。苹果系统中的图标特效逼真、生动。无论是苹果系统中木质的书架还是皮质缝合依稀可见针脚的记事本，无疑都为用户营造了亲切的沉浸感。而扁平化图标，顾名思义，它的设计源于Windows 8的Metro风格（由微软公司开发的内部名称为typographybased design language，基于排版的设计语言），英文叫做flat design。事实上，扁平化设计可以追溯到20世纪50年代兴起的一场平面设计运动（Swiss typography movement，常译作瑞士国际主义风格），强调版面的整齐与精简。即指放弃一切特效的装饰，无透视、无渐变、无阴影、无高光、无纹理的完全平面化的图标视觉效果，它可以看作拟物化图标审美疲劳后，对平实风格的回归，也可以看作对有泛滥之势的特效技术的某种反思。这种风格的图标对于屏幕尺寸有限的移动媒体界面而言更加适合，使得界面看起来更加清爽、简明，优化用户视觉体验。

苹果公司iPad的真实质感界面设计，无疑是拟物化设计的典范之作。让我们回想与该界面初次相识的情景，相信很多人曾在某一刹那，忽略了界面的概念，无视电脑的存在，仿佛是坐在自己的书房里，随手从书柜上取一本书，随手翻开记事本……这种交互感受也许是对苹果界面设计良苦用心的最好回报。因为界面设计的更高境界就是让交互者感受不到界面的存在，让交互行为变得无比自然，犹如在现实生活中那样。

时下关于扁平化图标和拟物化图标的分析、比对非常多，其实对于当下的用户而言，图标的寓意已经了若指掌，无论是所谓的拟物化设计还是扁平化设计再无好坏之分，不过是视觉的偏好而已。无论是哪种风格的设计都要顾及整体性，以及是否与交互产品的属性相匹配的原则。

2.图片元素

图片在数字媒体交互界面上的存在，可以理解为图片在平面媒体上应用的延续。在同一界面空间内相同面积大小的图片和文字，前者一定优先跃入眼帘。而且，它在信息传达、内涵表述以及情感交流的过程中所具有的积极意义已无须赘述。

（1）图片的格式

GIF（graphics interchange format），图形交换格式，该格式常为网页用图格式，因为支持动态格式，可以把多幅图像保存为一个文件，由于它压缩的文件体积小，磁盘空间占用较小，在网页上我们看到的小动画和动态广告多是此格式。

JPEG（joint photographic experts group），最常见的图片格式，为有损压缩图片格式。文件虽然不大，色彩保真度却较高。但缺点是不支持透明背景，而且由于图片的压缩比区间数大，所以压缩比例和图片质量密切相关，使用大比例压缩后无法保证图片质量，而压缩比小，图片体积就大。有的软件能对JPEG图形文件压缩50%而不损失画质。

（2）图片的应用

图片被应用于各种交互界面上，网页和公共交互终端机是最为常见的2种交互界面。它的作用体现在装饰性和功能性2个方面。下面我们具体分析一下。

第一，基本功能（信息传达、装饰、调节视觉体验、商业用途）。

图形与文字结合是最常用也是最行之有效的交互元素的搭配方式。对于大多数数字媒体互动界面而言，一般用文字传达准确信息的同时，配以相应的图形，既丰富了用户的视觉体验，也有助于用户快速寻找和记忆。较为常用的当属两者分别出现在交互行为的不同步骤上，比如交互元素的常态显示为图标，当发生交互动作后（鼠标滑过或触摸）文字显现加以补充说明，反之亦然。当鼠标滑过文字时，跳出图像强化用户进一步交互的兴趣，实现信息的双向传达。

在当下，几乎很难找到没有图片元素存在的网页，即使是综合类门户网站也少不了用图片元素来调节视觉。我们大概有过这样的体会，当浏览以信息传达为主的网站时，蚂蚁般密集的文字让我们顿时产生透不过气的窒息感，然而，点缀在其上的图片，却大大缓解了这种不适，仿佛一扇小窗，引领我们朝更深、更丰富的地方望去。可谓片图抵千言。甚至，现在很多国外门户网站的首页，也一改以前不顾用户想看不想看，把铺天盖地的文字“一股脑”地全部堆到首页上的习惯，而采用了以图片和文字并驾齐驱的方式，最为常见的是每一类板块的显著位置配以一张重点信息图片，既丰富视觉又鼓励点击。

另外，图片为主的界面还可不同程度上降低不同种族、不同文化程度的用户的浏览局限。并且这些图片多半具有按钮的作用，点击即可进入下一级页面有关具体内文的链接。当下，越来越多的数字媒体交互设计师从含蓄的苏州园林建筑格局中汲取灵感，而逐渐摒弃了凡尔赛花园式的一览无余。

单纯装饰功能的图片，表现为页面的“抬头图片”，即在界面的顶部放置尺寸与整个界面宽度相近，内容或与下面的文字相匹配，或仅仅起到装饰作用的图片。多应用于手机版的资讯阅读页面。这种图文结合的排版关系，既最大限度地传达了资讯，同时也不失视觉美感。

图片的基本应用还包括作为头像在手机界面和网站界面上显示的图片，例如Windows Phone用联系人个性图片替代了传统的联系人姓名列表。

还有一些启动或转场过程中的动态图片。例如客户终端机如地铁售票机上的线路图片，汽车导航仪中的虚拟路况三维图片，作为信息可视化应用手段，目的是让用户一目了然地了解线路概况。而ATM机上通过动态图片作为启动小动画宣传企业形象或发布新举措、新促销等。打折券领取机等也以图片为主要交互元素，目的是借助图片的丰富表现力简化用户操作程序和缩短操作时间。

第二，商业功能。

还有一种图片的应用则是现在网页中必不可少的，就是为网站创造商业价值的网页广告。这些小广告多为多个GIF格式的动态图片的组合。对于网站经营者来说，尽管网页广告所带来的商业利益颇丰，但并不意味着网页广告就多多益善了，交互设计师应尽力说服网站经营者加强广告的质量、数量和布局的把控，否则，如果动态图片数量过多，并粗制滥造，势必会造成浏览者的厌恶心理，减少造访量而得不偿失。

第三，承载文化与情感。

有很多企事业单位的网站，会以整幅图片充斥屏幕，图片不再作为背景或衬托的角色出现。这些网站选择具有情感、精神传达的图片来承载某个品牌或某个企业的形象。

第四，特殊需求（图片即内容的网站）。

图片即内容主要在购物网站和以展示图片为主的网站上出现。购物网站中的图片一般都有放大或缩小的功能，可以帮助买家更好地了解物品的属性，如色泽、形状、材质等，相当于商品海报，例如有京东、淘宝等成交量高的购物网站。另外，音乐网站上的图片也是比较重要的，可用歌手的图片或音乐专辑封面图片概括较为抽象的音乐。

还有以图片发布和传播为主的网站，如视觉中网，这些图片的质量极其高，图片的尺寸也会根据用户浏览权限进行区分，并对超大尺寸的图片提供有偿使用许可。

另外，近年来很多综合门户网站纷纷开辟了专门的图片新闻网站，使用文字为主、图片为辅的传统信息传达方式，迎合现代人在快节奏的生活中对图片的偏好。这种做法也不失为读图时代所特有的方式。

(3) 图片的动态变化

具有链接功能的图片，当鼠标放到图片上时鼠标会变成小手模样，同时，图片的透明度会发生变化。如果图片链接的是视频文件，当鼠标滑过图片上时会浮现视频播放键符号。

(4) 图片使用的基本原则

第一，图片质量的美化，包括色调、保真度等。由于拍摄器材的差异，图片一定存在光线、角度、色调甚至构图的不完美，那么，就需要对图片进行常规修整。

第二，控制图片的合理数量以及图片之间的和谐关系，包括色彩、内容等。如果图片过于杂乱，毫无美感，势必造成用户的视觉疲劳感。

第三，图片尺寸上的保证，大、中、小尺寸图片的处理备用。比如购物网站，静态时的图片尺寸很小，但当鼠标滑过图片就会变大，而点击后就会显现尺寸更大的图片。然后还会有放大功能，以便买家能更清楚地看到商品的样子，因此，支持图片尺寸的大中小切换是很重要的。

鉴于图片本身的视觉优先特点，在使用的过程中，应该尽量避免单纯的装饰作用，或与内容毫无关系的配图。尽量使用有意图的图片，否则会喧宾夺主，产生莫名其妙之感，尤其是色彩搭配不合适的反而造成视觉障碍。

3.动态影像

我们已经进入多媒体（multimedia）时代。multi是拉丁语中“多种，繁多”的意思的词前缀，中文翻译成“多”，也是非常恰当的。身处“信息即媒介”的当下，生活方式决定了我们的感知方式和欣赏方式不再局限于任何一种模式，取而代之的是声音媒体、影像媒体、文本媒体多种媒体的齐力并举。在此前提下，动态影像理应成为数字媒体交互元素家族中的新宠。

（1）动画

动画是动态影像的一种，是利用人的视觉暂留特性，以每秒24格或48格的速度，快速播放一系列连续运动变化的图形图像。数字媒体交互界面上的虚拟影像多数是小型flash动画。也包括图片的缩放、旋转、变换、淡入淡出等特殊效果。常用的flash动画一般是由几张动态的具有连续动作的图片连续播放而成。

还有一种类似于carousel（旋转木马、圆盘传送带、旋转行李传送带、更换盘），也就是幻灯片动画形式，内容水平或者垂直滚动。通常有2个导航元素来控制滚动方向以及滚动内容。

这种形式的优点在于用户可以不用多次点击来搜寻他们感兴趣的内容，可以通过快速滚动幻灯片来浏览。它应用于娱乐站点，是一种有效吸引眼球的展示方式。视频播放窗口的设计多媒体时代背景下，视频在不同平台上的应用越发广泛，保证视频的画面质量和尺寸压缩，以及对视频的交互性的控制是非常重要的，对视频与背景的关系的处理也很重要。至于播放器控件的细节设计，主要从视频画面的关系入手，诸如嵌入感、金属质感、透明质感等，这些看似微小，有可能相差1个像素点的线条宽度却会决定它的细致完美程度。

(2) 视频

常用的视频格式有以下4种。

AVI (audio video interleaved) 是由微软公司开发，广泛应用于Windows系统上的将视、音频交织在一起同步播放的典型格式。一般的AVI文件尺寸较大，画面质量也很好。时下常见的MPEG-4格式其实也是AVI格式的一种，它是利用DivX技术把AVI文件压缩，压缩率很高，而画面质量损失不大。但该视频格式对于播放平台的要求较高。

MOV是由苹果公司开发的一种非常优秀的同步播放视、音频的格式。这种格式的画质仅次于DVD，而它的压缩率又非常高，所以文件尺寸较小。

RMVB是Real公司开发的格式。这个格式实际上也是视、音频的结合体，体积较小，通常一部120分钟的DVD容量为4GB，而用RMVB格式来压缩，仅400MB左右，而且清晰度、流畅度并不比原DVD差太远。它的核心特点是可以根据网速的快慢自行调节压缩比率。

WMV也是微软公司开发的一种视频格式。这种格式的特点是画面质量与文件尺寸成正比关系。也就是说，画质越好，文件越大；相反，文件越小，画质就越差。

（二）文字的设计

尽管我们一再强调，我们已进入读图时代，尽管我们一再标榜Mook-magazine（杂志）的图特性+book（书）的文字特性更符合当下人们获取信息的习惯，它也仅仅能够说明我们进入了图像和文字分工协作的时代而已。文字作为信息传达的第一载体仍是不争的事实。文字永远是每个民族特有的文化传承的标志。而且文字不会像图形那样，由于文化的差异或地域的不同，造成传达的歧义。文字的信息传达远比图形的传达准确度更高。多数互动界面所要传达的信息内容和信息量远不是图形所能穷尽的。姑且不说以传达时效性信息为主的资讯网站，即便是各种计算机软件中所涉及的工具栏、导航栏等功能也必须借助文字和下拉菜单的形式来进行说明。它对于事物信息的描绘性介绍和概念的阐述等都是必需的。因此，我们说，文字仍是互动界面中重要的交互元素之一。同时，文字的字体选择、字号大小、字体颜色、行间距离、逐级菜单文字的区别等都直接决定着交互产品的视觉感受和交互效率。另外，随着掌上信息终端技术的迅猛发展，还要确保文字在不同交互平台之间的正确切换，以及字号大小的可选性设置。

近几年有些重要机构的网站首页以文字作为设计主体。可以视为对“眼球时代”“读图时代”的背叛，是对文字实用功能和装饰功能的极简回归。很多用文字的特殊字体设计作为首页的网页，通过文字的排版布局关系呈现视觉的美感。

1. 文字的分类

文字分为内容文字、标题文字、图标文字、注释文字、导航文字、菜单文字等。

内容文字：多用于网页或电子杂志的内容文字，一般字数在200 ~ 1000之间，是详细叙述某一信息的有效载体。

标题文字：门户类网站上最常用的文字，用概括性的标题吸引注意力，点明主题。

图标文字：配合图标一起使用的文字，一般放置在图标的下方，能够避免不同文化、不同思维习惯的人对于图标理解的分歧，用文字进一步确定图标所传达的准确意义。多用于移动媒体的交互界面上。

注释文字：一般作为鼠标滑过图标的交互结果，多用于软件界面的工具栏图标的注释。

导航文字：导航文字就像门牌号，张三家还是李四家，帮助用户大体了解每个导航栏下的内容。

下拉菜单文字：显示更多的文字信息内容或下一级的文字内容。利用有限的屏幕面积与我们当下生活关系密切的交互界面无外乎有以下几种：电脑屏幕、手持设备屏幕、电视屏幕等，这些都可以称为方寸之地。那么，在有限的面积上安放大量文字信息显然不是件容易的事。于是，采用构建文字下拉菜单和文字分级菜单的解决方式。

2. 迎合人的记忆习惯

文字作为交互元素在数字媒体界面上，多用于菜单和工具栏中，在多次使用后，用户能够在极短的时间内，本能地找到他想要找的选项。

3. 文字的自然属性

（1）字号

大家可能都有过类似的网页浏览经历，一般情况下，对于一个考究的网站而言，其中外文版本的布局都不太一样。原因是要根据中英文字体在页面上所占的比例的不同，以及中外文与图形之间的关系，重新处理页面关系。反之，如若把中外文网页上的各项元素原封不动地复制，同一个网页的中外文版本有时效果相差甚远。即使是某个版面设计精良的外文网站原封不动地被复制成中文，其视觉效果也远不是原版那么回事。原因何在呢？症结恰恰出在原封不动地复制上，其中最要命的是对文字的复制。因为中国汉字的外形特征是方方正正的，而拉丁文则不然。因此，当间架结构截然不同的两种文字依照同一种界面布局标准配比的时候，出现视觉效果的偏差也是再自然不过的事情。严重的甚至影响正常的交互功能。

同时，中英文字体也存在字号不能同等转换的问题。比如拉丁文的web设计中，段落文本用得最多的是12字号和14字号，如果我们直接转换成此型号的汉字，由于汉字的结构复杂，笔画过多，其结果是汉字的横竖笔画都是1像素宽。可想而知，改了字号的汉字会造成因过小或出现锯齿的现象而难以识别。

数字媒体交互设计中，所涉及的字体皆属于屏幕显示字体，屏幕字体与纸媒体上的字体性质是不同的。在Windows XP之前的操作系统中，屏幕字体是由非矢量字体，或称为像素组成。其默认的中文字体为宋体，也就是说它不能根据用户的屏幕大小和屏幕分辨率的变化而自行调整。于是在设计字体时，为了互动界面上的视觉美观，如果采用的不是大多数用户的字体库中的默认字体，它就会以替代字体显示。或者遇到个别用户放大字体的请求操作时，字体就会产生锯齿现象。因此，当直接处理重要的文字部分，而且文字量不是特别多的情况下，例如标题的字体，为了达到预期的完美效果，多采用将文字字体转换成矢量图形的方法。

（2）常用字体及属性

既然文字元素在互动界面上肩负信息传达的使命，我们接下来就屏幕文字的可识别性和基本特征做个了解。中文的常用屏幕字体有宋体、仿宋体、楷体、黑体、隶书。拉丁语系中常用的屏幕字体有Roman（罗马体）、Times New Roman等。

Helvetica：是Max Miedinger于1957年设计的，并采用拿破仑时期瑞士的国名为其字体命名。它的特点是简约至极，省去了一切边角变化和细节装饰。它曾经是最常用的屏幕字体，以至于现在的屏幕字体多由其演变而来。据说当年是因为许可费用过高才被Arial替代，最终没能成为微软的屏幕默认字体。

Arial：它与Helvetica有很多相似之处。在西方，这款字体可以称得上是使用最为广泛的字体。它可以说无处不在，被大量应用于各个领域：印刷纸媒体、户外广告、物品外包装等。Arial也是屏幕字体应用最广泛的字体。它是由Robin Nicholas和Patricia Saunders于1982年为微软公司设计的。它在英文字体中的地位可与中文字体中的宋体相媲美，被亲切地称为宋体英文。

Times New Roman：这款字体广泛应用在印刷媒体和屏幕媒体上。它的特点虽说有Arial字体的有板有眼，不偏不倚的气质，沿袭的多为老牌欧洲国家的庄重、古典之美；但端庄中却不失柔情，这点很像中文中的楷体。在屏幕应用中，要提醒大家的是避免字号过小，一般不得小于12像素，否则会造成阅读的困难。这种字体在中英文混合使用时的效果也很好。

Georgia：在屏幕字体运用过程中，Georgia常被用作标题使用。与Arial相比，它多了些许装饰性，比Arial带有更多的感情色彩，具有古典的优雅之美。它的感觉与Cambria有几分相似之处。

Verdana：作为和Arial很像的一种字体，其屏幕应用也非常广泛，它优于Arial之处是它的字间距更宽，即使字号偏小，其识别度仍然很高。比如同样是9像素字体，Arial可能会出现识别的问题，而Verdana则不然。同样也是由于它字母之间的距离过于宽大和平均的缘故，当它与中文字体一同出现的时候，在视觉上会显得零散。

宋体：顾名思义，宋体是我国宋朝时期，人们为了活字印刷的刻写需要而创造出来的字体。因为它横平竖直，便于批量制造。宋体是包括Windows XP在内的Windows中文版的屏幕默认字体，用于标题和内文皆可。它的优点在于小字号中文的显示效果仍然很好，与英文的混合排列效果也可以。因此，宋体为各大综合类门户网站的首选字体，比如新浪网。但要注意的是，其较大字号应慎用。它的另外一个缺点就是过于中规中矩，从而给人刻板的印象，在讲究个性的网页字体设计中不建议采用。

楷体：大家应该不陌生，我们小的时候，临字帖、练书法一般多练习的是楷体。其实它应该叫柳体。与宋体的端正特点相比，它讲究笔画的粗细变化，是中国文人的最爱。因为它完美地诠释了中国文人仙风道骨的优雅气质，纤细，富于变化但却不失锋芒。在屏幕字体的应用上多用于文章的标题而不是内文。

黑体：它的间架结构与宋体有些相似，但与宋体相比给人更加敦实之感。正因为这个特性，它多用于屏幕字体的标题，起强调、突出的作用，而很少用作内文字体。因为它的笔画显粗，当字体被缩小或大面积排列之后，会给人拥挤、笨拙之感。但随着微软Vista软件一起问世的还有一款叫做微软雅黑的字体。正如它的名字一样，雅黑比黑体多了几分秀美之气。

另外，Impact字体多用于表达严肃的、客观的、肯定的、需要强调的地方，如标题等。而Cristen则作为表达年轻、愉悦、童性的一种字体，可以应用到儿童、女性或节日的网页之中。总而言之，每个字体都有它特定的感情诉求的原则，要根据互动界面的用户特征而选择合适的字体，不可一概而论，在此我们就不一一赘述了。网页上常用的字体大小大体如下：宋体12像素、宋体12像素粗体、宋体14像素、宋体14像素粗体、黑体20像素、Arial Black 12像素、Verdana 9像素等。

（3）文字的动态性

与平面媒体中的印刷字体不同，屏幕上的字体具有运动和变化的特性。因为它作为重要的交互元素存在于互动界面中，不可避免地充当链接按钮的角色与用户发生交互关系。具有链接功能的文字，应给予相对常规的点击暗示，比如足够的点击空间，明显的点击示意。另外，它要根据用户的操作发生运动和变化。比如当鼠标滑过的时候会出现文字色彩变化或增加色彩背景框，抑或添加下划线等的动态变化。其目的均是对用户的点击动作做出必要回应，以便让用户确信它正在与另外一方建立链接，或进入内文的页面或转到下一级的菜单。

交互过程中动态方式的归类：字号大小的变化；文字的粗体变化；文字的颜色变化；文字的背景变化（多为添加方形背景框）；文字添加下划线的变化；文字的flash动态效果变化（渐入渐出，变形）；页面的跳转变化（对于标题菜单，当鼠标滑过所出现的二级菜单也被视为文字的动态效果）；文字滚动变化。

文字配上动态的滚动效果会引人注意，不断把更新的内容传达出来，在有效的面积内最大限度地传达准确信息。

4.文字设计原则

（1）字体的色彩

由于屏幕的背景多为白色，所以，屏幕字体的颜色多选择深色系，例如黑色、藏蓝色、深灰色，这样的搭配是比较常规而安全的，避免视觉的阅读疲劳。当然，也有采用白色背景加上红色文字的设计，风格比较明快。总之，屏幕字体的颜色应始终与背景颜色相提并论。一般情况下，不存在绝对禁用的文字颜色，但绝对存在文字与背景色不合适的搭配。这种遗憾，不仅会影响用户的审美体验，也会妨碍用户最基本的识别需求。

另外，在屏幕字体中，应该尽量避免采用斜体。因为斜体对字间距要求很高，容易出现视觉粘连，造成视觉疲劳，尤其是在大篇幅文字的应用中；而且，还会给人带来不稳定、不可信任感。

（2）文字布局

对于现代人来说，横向的文字排列是符合人们的阅读习惯的。对于屏幕字体的排列而言，受屏幕长宽比例的制约，通常情况下，屏幕的字体排列多为横向排列。当然，对于有特殊风格追求的界面的字体排列方向除外。例如在诠释东方风、中国风的互动界面中，也不乏有人将文字纵向排列，而其从右及左的顺序，借鉴的是中国古代书简的纵向书写习惯，目的是渲染传统的中国气息。而中国古代出现文字纵向书写的原因是与当时的书写材料有关的。在中国古代，文字是用刻刀刻在形状狭长的甲骨或竹简上的，但事实上这并不符合人的生理特点。相反，文字的横向排列更加符合人的眼睛的生理结构，因为人的两只眼睛是横向生长的，那么，横向视野会比纵向视野宽。

大多数图形软件互动界面中文字的排列是横、纵结合的，一般菜单名目为横向排列在页面的上端，而工具栏则分布在屏幕的左边缘处或右边缘处。这是源于显示屏长宽比的自然属性。

（3）导航文字或图标文字的设计原则

数字媒体交互设计不同于平面媒体，它是具有链接性质的网状或树状的立体维度空间。原则上，主目录和根目录页面之间的文字在字体、字号、颜色等的选择上需要具有一定的统一性和规律性，以免混淆用户的识别和记忆模式。因此，相同级别，传达相同性质信息的文字以选择同一字体为宜。

（4）移动媒体界面上文字的设计原则

由于移动媒体的屏幕面积的局限性，以及移动媒体的交互环境的复杂性，我们在文字的处理上除了遵循与其他交互界面相似的原则外，还要控制文字的数量，尤其是移动媒体中网页文字一定要“简约”，为用户提供“重中之重”的内容，应充分利用摘要、标题、大纲的格局概念，以及文字色彩、字间距、行间距、加粗、减淡、下划线等设计为用户规划出主次，这样才符合“小屏幕”寸字寸金的价值。否则，浏览移动媒体上的信息将变成一种煎熬的经历。

（三）导航栏的设计

数字媒体界面的属性之一是空间的概念，它就好比一个环境或一个房间，对于初次造访者来说，希望了解自己在哪，要如何到别处去，又如何再回到这里。类似的基本需求是人之常情。导航就起到引导用户畅游交互界面的作用。在主界面上对整个虚拟空间的构造有一个宏观的了解，能随心所欲地浏览次级目的地界面，并能顺利回到主界面，就如同“导航栏”和英文的navigation bar一词的中文命名，都是非常贴切的。在字典中“导航”和navigation中都有指引、带领、领导、引导、向导（引路的人）的意思。因此，设计优秀的导航栏，扮演着称职导游的角色，不友好的导航栏则好比劣质导游，只能带给用户迷路、不安的糟糕旅程。用户不知道如何找到自己想要的内容，即使费了大把力气找到了，又不知如何返回原地，这些都是劣质导航栏带给用户的不良印象。导航栏的设计，包括外观设计、交互方式以及逻辑构成。

1.面包屑和逃生舱

尽管导航逻辑多种多样，然而，任何一种导航逻辑都无法满足所有的交互者。比如用户想中途放弃，或者用户的思维逻辑格外特殊，那么此时，面包屑和逃生舱的设置则在导航栏设计中显得必要而重要。

所谓的面包屑导航，英文译为breadcrumb navigation，它的理念源自英国Hansel和Gretel的一个小故事。故事里继母在庄稼收成不好的时候会把孩子赶到森林里，于是，聪明的孩子想通过在沿途撒面包屑来记住回家的路。面包屑层级结构应用到导航栏设计中，目的也是为帮助用户明确当时所处的位置，并提供前进或后退的清晰路径，营造安心的交互环境，保证用户在各级界面中都不必担心迷失。

逃生舱，英文译为escape hatch，原是航天航空专用名词。顾名思义，逃生是相对危险处境而言的，求生的本能迫使人以最短的时间，最有效的途径逃离不安全的区域。把“逃生舱”概念植入导航栏设计中，目的是确保交互者随时能够略过所有中间过程，一步到位地回到他所熟悉的安全页面中，因为再完备的导航设计也无法保证每一个用户在每一个时刻都不会“走失”。逃生舱充当了忠实导游的角色，始终跟在身边待命。

现今，还有很多网站，依靠cookie技术识别新的访问者，根据用户的ID、浏览痕迹、浏览喜好、逗留时间长短等信息进行分析，为用户提供智能化的导航帮助。

2. 导航栏的常见动态形式

导航栏可以理解为文字按钮和图形按钮的有序排列组合。时下各种界面中的导航栏构成，仍以文字导航和图形导航为主，情景导航栏除外，因此，它的动态交互变化可参见图形和文字的动态形式。或者会出现当鼠标滑过导航文字自身出现一个左右移动或上下移动的小动画效果，或者出现下拉菜单。

3. 导航栏的设计原则

导航逻辑是建立在交互系统所要传达的信息的多少的基础上的。导航逻辑决定了导航模式的形成。从某种意义上说，制定合理的导航逻辑，优化信息架构比交互方式、视觉形式更为重要。同时，它与目标屏幕的特性也有关系，然而，并非屏幕变大了就可以随便添加在相对小面积显示屏幕上的内容。iPad就是个很好的例子，即使它的屏幕面积很宽裕，它仍遵循苹果一贯的简洁风格，不多说一句废话。父级导航栏只留给真正被用户经常使用的内容。而次要的则被安置在次级或三级界面中。因此，牢记80%与20%的理论，即80%的用户常用的功能只占全部功能的20%。把最重要的20%归纳到父导航中。还要严格控制导航栏的数量，遵循7±2原则是必要的，尤其是非主导航区域。如何精简结构是一门学问，需要多从产品形态和用户需求方面考虑，不一定要一味地追求结构的清晰和统一，造成不必要的冗余。考虑一下你的目标用户，多画出几种符合逻辑的导航菜单草图，做测试，使用面包屑导航，添加前进返回按钮，并预留逃生舱式快速返回到主界面的链接。另外，还要避免层级过多，有实验结果表明，超过跳转4个界面，7次层级的导航设计，用户就会失去耐心，产生疲劳感。

4. 导航栏目的数量

导航栏目的数量一般为5～9项，这个数量的定制源于普林斯顿大学的乔治米勒（George A. Miller）教授在1956年出版的*The magical number seven, plus or minus two*一书中对人类的短期记忆容量的研究结果。通常情况下，人只能记住5～9项内容（即7±2）。多数银行卡卡号和手机号码分段读写的习惯就是遵循这个原则。那么，为了避免过多的信息的同时出现所造成的页面不足，以及给用户视觉和记忆造成负担，采用导航栏的方式对其进行归类是最好的方法。按照一定逻辑归类的导航结构有助于用户记忆和使用。因为对大多数用户来说，记住有限的几栏名称不是一件太难的事，之后，用户就能够通过导航栏上的归类文字判断该栏中所包含的内容。尽管有些导航栏的分类项和它里面所包含的内容部分不那么科学，无法做到符合所有人的思维习惯，用户充其量在这个名目下找不到的命令再到另外一个名目下试试就是了。但只要导航栏一直忠实地待在那里，用户确信那些可使用的选项的存在，无须任何格外记忆，它的交互感受就是踏实的。所以说，导航栏作为互动元素的重要组成部分，它不仅能精确地传达信息，更重要的是它给用户带来了稳定而积极的心理暗示。

5. 导航栏的布局

横向导航：导航栏的式样类似门牌号式的有序排列。对于计算机界面而言，导航栏一般采用横向排列，即从左向右的布局，分布于屏幕的上方。因为这样更加符合人的视觉习惯，这也是由计算机屏幕的长宽比决定的。为了避免视觉粘连，使用户能够区分横向排列的每个导航的文字，在两栏之间也常用竖线隔开。

纵向导航：也有从上向下的纵向导航栏模式。而对于移动媒体，界面上的导航栏则以纵向排列于屏幕的左侧。

九宫格导航：也是多用于移动媒体界面上，例如手机。

情景导航：也是基于移动媒体屏幕界面长宽比的特点的布局。还有一种称为自定义的导航布局，即从视觉上我们很难界定它是横向布局、纵向布局还是九宫格式的。而它完全融入界面的情景之中，这种方式的布局多出现在个性网站上。这种情景式导航，已经超越导航本身所具有的基本意义。

6.导航的逻辑

（1）全局导航

主页面的导航栏出现在所有页面中，使用户时时刻刻都能看到用户界面的总体概况，并随时可以点击进入相应的页面。例如“首页”导航出现在每一页，它适合于结构类别多、层级多、内容多、结构复杂的导航逻辑。这种导航结构多出现于综合类网页中，给用户提供最大限度的安心和便利。也有文章把它划归为常驻导航，常驻导航针对内容繁杂的网站比较实用，即把导航栏始终放在每个页面的顶部或左边。它的存在让用户在浏览众多的内容之后依然安心，依然能够第一时间找到“来去的方向”。

（2）金字塔式导航

金字塔式的导航是较为常用的，意思是说每个导航栏下所打开的页面上都有前进和回退（或者上一个、下一个）功能的链接，既可以轻松回到主导航，也可以在同一层级的其他内容之间游走。这种导航逻辑大大增加了交互者的自由感，而且也充分体现了页面之间的顺序感。

（3）线性导航

类似闯关游戏一样，必须进入二级页面后，才能进入三级页面。而作为后退逻辑而言，也是依次后退。即按照一个线性的顺序浏览页面。它相对于金字塔式的导航逻辑，会给交互者带来不适感。比如已经依次进入第5个页面，交互者需要10次的回退，才能回到最初。这种线性导航对于中途退场或没有足够耐心的用户显然不合适，比较适合一些小游戏的导航逻辑。这种导航逻辑多用于计算机网页界面中。

（4）母子式导航

母子式导航是指结束下级菜单的浏览之后，必须回到主菜单的导航，才能进入另一个导航的下级菜单。多用于母子菜单之间的交互，而子菜单之间联系不大，或者受物理空间的限制，而有必要被分割成若干个独立的单元体，例如手机界面中的导航。这种结构就像一个家庭的构成，即使有再多的孩子身处各方，但他们的中心仍然是有母亲在的那个共同的家。母子式导航多应用于手机界面的九宫格导航中。

（5）移动媒体上的导航

手风琴式：配合移动媒体屏幕有限的特性，把内容进行归类，分出主次，像手风琴一样，第一级只展示大项，其他条目下的内容暂时折起来。当用户点击每一大项都可以进入下一级。以此类推，一层一层“探究”下去，这种方式多用于层次分明的分级结构中，视觉清爽，条理清晰。

一维条目：手机上常用的导航目录方式，目录以横向和纵向的方式呈一维排列。当信息超出一屏所能容纳的浏览范围时，用户可上下左右拖动目录继续浏览。

（6）逃生舱的设计

无论选用哪种导航栏的逻辑模式，“一键还原”的设置依然必要，因为任何一种逻辑都无法避免用户遇到使用死角，解决用户迅速脱离不安境况的方式就是“首页”键的逻辑设置。我们把它形象地称为逃生舱。导航中的逃生舱多表现为快速返回原位链接，比如“首页”的链接、“关闭”的链接或“取消”“返回”链接等。

除此之外，情景式交互网页设计中逃生舱更是必不可少，而且极富创意。比如将热气球作为逃生标志，不管在哪一级别的页面中浏览都不必担心走失。

（四）斑马纹的设计

城市人行道上的一条条白线与灰色的柏油路面间隔开来，称为斑马线。在交互界面上，斑马纹的设计灵感同样来源于斑马身上黑白相间的条纹图案，充满秩序美感并且泾渭分明。当大量的文字内容需要并列出现的时候，以纵向或横向列表的方式，来间隔显示相邻的内容，相邻的两栏一般会进行颜色相异的背景区分处理，以避免视觉粘连，这种一行深，一行浅的背景处理称为斑马纹设计。这个比喻既形象又可爱，同时，更加具有实际的应用价值。

1.斑马纹的应用

在移动媒体网络中更为常用，因为移动媒体的屏幕尺寸有限，当列表中各行的内容（每一行中又有多行内容）甚至有多列数据在视觉上很难区分时，斑马纹的使用起到一种规整的作用，从而使用户在阅读每一行、每一列的内容时感到轻松。

2. 斑马纹的动态变化

静态的斑马纹主要应用在苹果系统里，而在Windows系统里则较少出现。但是动态变化中的斑马纹则随处可见。比如横向或纵向列表内容在滚动的过程中即出现斑马纹，即被激活的内容出现颜色或形状的变化，与相邻的行或列形成视觉上的区分，便于操作。

3. 斑马纹的设计

不同的斑马纹在内容表达上都有其自身特定的含义。而从规整每一行的视觉角度出发，斑马纹和线条的分割是一个不错的选择，因此从视觉的简洁上来看斑马纹的深浅搭配是一种首选。

斑马纹的2种颜色基本是调性一致、颜色相似的2个色相。它们应保持在一定范围值之内，一般而言纯度相差3%，明度相差2%，不宜太大也不宜过小。范围值过小，区分不够明显；范围值过大，视觉反差效果会干扰信息的阅读。

微软的产品是基本不使用斑马纹的，而苹果的界面一旦出现列表时就肯定会区分对待，具体表现为：大界面基本使用双色斑马纹，小屏幕基本使用线条分割。

有些产品，尤其是移动媒体界面的设计，受限于屏幕的大小，那么斑马纹理论在此可以看成页面分割。也就是说通过区域和线条的设计来区分相邻的文字信息或图片信息。这种区分显得特别重要。

（五）按钮的设计

按钮（button）的概念可以回溯到中国古代的门环，如同门环在主人与客人的请求与回应之间建立一种连接，按钮在交互的命令与执行之间始终扮演着最基本、最重要的角色。想象一下当我们用手敲打一块海绵门的感受，我们会心存疑虑：到底我的请求被接受了吗？因此，我们决不赞成在按钮的设计中，当鼠标滑动和释放时没有任何变化。又如同门环样式、材质的多种多样，按钮发展到今天，也出现了各种各样的面孔。按钮的外形风格所涉及的是信息视觉化。按钮的风格无论是质朴感的、时尚感的、奢华感的、简约感的、卡通可爱感的、商务干练感的，还是充满科技感的，它所具有的链接、选择、执行命令的功能是永恒不变的。

1.按钮的分类

按钮分为功能型和图标型。通俗地说，功能型按钮的样子长得像按钮，而样子长得不像按钮但具有按钮的链接功能的任意图标、图像或文字，称为图标按钮。图标按钮也可以称为被引导型按钮。即初次使用者并不能立刻识别其按钮功能，但当用户第二次使用时则很容易辨识出来。这种图标型按钮比功能型按钮更能提升界面的视觉美感。无论是哪种按钮，它们都担负着用户交互的基本职能。它所具有的链接、选择、执行命令的功能是永恒的。

按钮按照外观分类可以分为以下3种。

第一，边框型，可以在导航栏和工具栏上使用。

第二，普通型，适用于工具栏，如非要使用在导航栏上，会被转换成边框型，便于整体排列组合的需要。

第三，感应热区。感应热区也是按钮的一种常见形式。感应热区其实就是隐形按钮，或者叫大号按钮。一般当鼠标滑过的时候会出现小手的模样，示意我们它是可以点击的超链接区。对于综合门户网站而言，它们多以图形和图片的面貌出现。正如其名字所描述的那样，它一般都会在界面上占有一定的面积。它们的作用主要是2个：一是丰富读者的视觉体验，激发读者的阅读兴趣。二是广告，或静态的或动态的以图像的直观形式作为该部分的信息，相当于中文文章中开头空两格的作用。它会反复播放，并且会定时更新，时效性也很强。

还有一种热区多出现在个性网站中。比如某网站的首页是由一个虚拟的场景构成，如何保持它所营造的真实的空间感？可能额外附加某个按钮会显得很唐突，可以把热区设置到这个场景中的各个物品上。这样既最大限度地保持某空间的真实再现，又实现了与内页或是其他界面的链接功能。

热区应用最多的是现在的各大视频网站上，约定俗成的一个视频的截图在右下角有一个小加号。一提起视频网站的界面，我们几乎就能想到，充分发挥视觉优先的特点，图片为主，文字为辅。然后我们也慢慢习惯了点击这些图片热区进入其相应的链接。对于视频的热区，当鼠标滑过的时候还出现简明扼要的文字解释。

2.按钮的动态变化

按钮分为3种状态：静止状态、鼠标或手指滑过状态、释放状态。

静态：当鼠标滑过，除了出现小手的图标之外，图片本身没什么变化。

动态：当鼠标滑过，原有图片会出现一个flash的动画变化，或图形的显示面积加大，随之传达的信息量增加。因为版面有限，那么热区所占面积也相对有限。

还有悬浮着的热区，漂在界面最上层，并且随着滚动条滚动总出现在视线内。这种悬浮窗界面上一定要设置关闭按钮，否则非常令人讨厌。

3.按钮的设计方案

从常规的意义上说，首先，按钮应被放置在相对显眼的位置，可以利用把按钮安置在页面的视觉金角或银角区域，即左上或右下，比如Windows系统上主要操作都是放在左侧，用户的浏览顺序也从左侧开始，所以左侧的按钮最容易被用户看到。还可以利用鲜艳的按钮色彩与界面背景的高对比度来使得按钮醒目。简而言之，易于被看到是按钮设计的首要元素。

其次，通俗地讲，按钮要设计得像按钮，因为按钮的功能和相貌多是源于对生活中按钮的突起感，或粗糙或光滑的材质感，以及可触摸、点按的面积感特性的转化。按钮的长短可以通过加长文字，或者直接加长按钮的手段来拉开视觉层次。这样的按钮更容易被用户的视线捕捉。同时，按钮足够的体积感也不应该被忽略。千万不要以为虚拟界面的按钮多数由鼠标代替点按，按钮小一点也没关系。因为按钮的面积是否足够也是按钮醒目与否的关键。过于窄小的按钮会大大降低用户的交互舒适度，甚至按钮的距离过近，单位体积过小都会增加误按的概率。有文章称“还按钮一个呼吸的空间”，就是这个目的。过于小而拥挤的按钮不仅让按钮缺少“生活空间”，也会给用户带来压抑感。另外，随着触摸技术的广泛应用，除去那些靠温度识别的界面按钮外，按钮面积至少不该小于指尖的接触面积，除去那些靠温度识别的界面按钮外，而触摸屏上的按钮文字，应放置在居中略偏上的位置，这样文字不会被手指遮挡，使得用户在按下按钮的同时仍能辨识出按钮上的文字，便于确认。

有一个调查显示，你看到一个人正在过马路，他如果面临再向前迈一步就会被车撞的危险时，你应该喊“站住”，而不是其他任何词，就是说能够直接传达到他的大脑，不需再过滤，以便在最短时间内做出反应。在*Labeling touchscreen interfaces*一书中，Morgan Straussfrom Guifx指出了按钮用动词描述的重要性，即用动词来描述一个按钮是用来做什么的。如果不是直接用动词描述，用户可能会感到困惑，并且增加学习的成本。应尽量使用行为动词，比如“同意”“不同意”“关闭”“不关闭”“注册”“不注册”“保存”“不保存”“下载”“不下载”“购买”“不购买”等。应尽量避免使用“Yes”和“No”这样的副词。

至于按钮样式的设计，我们是选择边框型按钮还是自定义热区式把按钮功能融入情景界面中则根据需要而定。总之，在保证按钮链接功能的前提下可以尽情设计。

（六）交互文本框的设计

交互文本框指产品界面中，供用户直接录入或反馈的文本信息的输入框，是获取用户信息的主要控件。它又细分为单行文本框和多行文本框。单行文本框是指那些可以供用户输入一些简短中英文信息的输入框，例如，用户名、E-mail地址、密码等。多行文本框则是用于输入相对多的文字信息的文本框，如供用户发表评论和留言的。

根据输入内容进行设计，比如数字输入文本框最好进行分栏设计，因为通常情况下，人只能记住5～9项的内容（即7±2）。尤其是金融客户终端机界面上的文本框，一定要将输入卡号一项分成每四位数一栏。其次，文本框的样式设计多种多样，复古感的、卡通感的、插画感的……主旨是要遵循与整体界面风格的统一。

三、转场元素设计

转场元素既包括使当前页面内容发生变化的数字媒体交互元素，如滚动条、指针；也包括在交互行为发生后以及新的交互结果未出现前的这段时间里出现的内容；还包括转场的控件如滚动条和页面转场。

（一）滚动条的设计

滚动条（scroll bar）是在界面的右侧或下端出现的一个条状按钮，目的是实现上下左右的页面滚动和翻转，完成信息添加和页面切换。它的交互方式分为鼠标拖动控制、鼠标轮滚动控制、键盘点按控制和手指触摸控制等。

以手机为代表的手持移动媒体的视听、上网功能增强，互动界面的可用尺寸变得越来越小，用户只需要上下拖动的手势即可完成新内容的浏览。

（二）指针的设计

指针是用户的交互行为在界面上的直接物化反馈，相当于用户的虚拟手指。指针为交互者和交互界面之间搭建了一条交互通道。别看它体积小、不起眼，却具有视觉牵引的作用和执行具体交互任务的功能，尤其在平板电脑出现之前，指针的作用更明显。

1.计算机界面和网页上的应用

较为常见的指针是在网络界面上应用的，尺寸一般在24像素×24像素以内。指针图标，一般为白色空心箭头、小手图标和闪动光标3种，前两者出现意味着可点击、可拖曳；而闪动光标则意味着可录入文本。在不同的软件中，指针会相应地发生变化。比如在桌面上，指针在可以拖曳拉伸的界面边缘处会变成向左向右的箭头形状。又比如，在图形软件中会变成更多的样子，而在文字办公软件中，在页面链接处会变成上下移动提示的小箭头。

2.在个人移动设备上和公共空间的客户服务终端机上的应用

随着触摸屏技术的出现，传统意义上的指针被隐形指针所替代，并被广泛应用于公共服务终端机上，我们称触摸屏技术为隐形指针。触摸式隐形指针更贴近生活中肢体感知的习惯，从而更易于大众使用，并且避免了外置鼠标对空间的要求。

3.在数字电视界面上的应用

在数字电视界面上，指针转化为电磁波的遥控光束进行操控。

4.电脑界面和网页上的指针

随着鼠标的移动而移动，随着触摸屏上手指的移动而移动是指针的基本动态效果。当指针出现在可以缩放的界面右下角时则变为方向相反的双箭头模样，而指针在任务跳转过程中则显示为沙漏模样，蕴含等待之意。

5.微型移动设备界面上的指针

由于微型移动设备上的指针是抽象的触摸屏，因此它的动态变化是点击时会出现各种各样动态的变化。

6.指针的设计方案

指针的图标外观作为一种互动元素的设计，尽管它在键盘缺席的移动媒体时代已经越来越少见了，我们仍然想回顾一下它的个性形象。当时，默认的系统鼠标指针并不能满足个性化的需求，很多新颖、奇特，极具风格特色的指针图标样式随即出现，又如苹果手机文字选择时指针的放大、移动功能，充满人性化体贴设计。

（三）页面转场的设计

“转场”这个词，更多地运用在电影或戏剧当中，指的是镜头与镜头之间、幕与幕之间的衔接。转场的运用是出于情节性和叙述性的需要，通俗地说是源于讲故事的需要。也可以理解为文学中所强调的上下文关系的需要。交互界面中的转场指的是前后界面间的衔接和过渡方式。每一个完整的交互产品都可以分成若干段落，每个段落又是由若干单独的页面组建起来的。页面间的链接其实也是一个讲故事的过程，转场的概念意味着以什么样的交互逻辑和交互方式让用户明白所要传达的信息。那么，如同镜头与镜头的组接讲究动静、疏密的节奏变化一样，页面的转场也要注意页面之间在色彩和布局上的衔接。分布在不同页面上的内容，仿佛是分藏在不同地点的宝物，用户可以根据意愿到达相应的目的地。转场的时空概念具有超链接的特性和互动性的独到优势，用户可以选择从头到尾地线性浏览，也可以选择略过某些不感兴趣的内容。这里略过（skip）按钮的设置很有必要。

1. 转场的功用

第一，缓解用户等待的焦躁情绪，如经典的程序登录界面动画。

第二，暗示用户当前界面的来源，如有信息层级关系的左右切换动画。

第三，增强用户体验，例如音乐转场或画外音转场，更接近于电影和电视中情节的衔接。互动界面的转场起锦上添花的作用。

2. 动态转场和静态转场

在页面与页面的切换过程中，会出现静态转场和动态转场。一般动态转场设计多用于flash网站，为了填补页面切换过程中用户下载数据的等待时间，优良的转场设计是具有创造性的，同时与整个网站的主题内容相呼应。比如夸张的放大倍数的像素图像、图像由模糊到清晰的成像过程、瞬间旋转的卡通形象等方式。

有一些后台程序软件自带的转场效果，多为瞬间的空白，或者是页面的瞬间展开。切换的速度很快，在1～2秒内，视觉上不易察觉。系统自带的还有淡入淡出、碎片飞入、水波纹式的、推拉门式的收缩展开等，如果下一页的文件比较大的话，则会加入进度提示条设置，再或者是明显的页面加载和展开的转场图形设计。我们不否认它满足了一般的页面转换的功能需要，但是，这些转场的效果相对程式化，缺少视觉冲击力。随着移动媒体的普及，转场设计的趋势愈发趋于自然，即上下左右滑动，让用户感觉不到突兀的转场的存在。

另外，弹出式窗口或者悬浮式小界面也可以看作页面转换的一种形式，多用于广告推广或增强实效信息之用。它是尾随于主界面显现后而出现的界面，并悬浮于主界面之上。它能够有效地引导用户的关注点。当然排除受商业利益驱使被滥用的情形。因为使用不当的悬浮式界面会有广告被迫植入的嫌疑，进而造成用户的抵触心理。这些弹出窗口多半带有深色半透明的背景和一个关闭按钮。悬浮窗半透明的视觉设计也是比较提倡的，会带来界面的通透感，增加用户体验好感。当然也可以做背景暗化处理，突出悬浮窗。在交互方式上，也要注意悬浮窗与后背景的锁定与可滑动关系，也就是说当悬浮窗里面的内容较多时，滚动页面时是否背景页跟着一起滚动，还是被锁定，而只有悬浮层滚动，都要根据需求做考量和设置。

第二节　交互元素听觉系统设计

交互的主体是人，数字媒体交互设计也可以理解成对人的存在方式的设计。人的感知系统中必不可少的包括视觉、听觉、嗅觉、触觉等，尤其是听觉部分。虽然，它仅担负着人类接收信息的20%的工作，它却有很多强于视觉的特性。比如，它不受光线的限制，它萦绕于360度空间当中。这些特性都使得我们无法忽略听觉范畴内交互元素的存在。

数字媒体交互听觉元素可以分为声响部分和音乐部分，声响又细分为人声和声效。

一、人声

人声是指从人肺里出来的空气通过声带的振动而发出的声音。

（一）人声的应用——语音提示

人声作为听觉交互元素，大量出现在公共空间的客户终端机和GPS语音导航仪上。自助终端机的特性决定了它需要语音提示设计。因为公共空间的自助终端机承担的是缴费、查询、售票、存取款等便民功能，这就注定了它所处的环境是嘈杂的公共空间；它的受众年龄跨度极大，涵盖了青少年到老年；而且更为重要的是它所提供的服务多关乎金钱交易。因此人声语音提示是必不可少的，它在很大程度上简化了操作难度，增强了用户的操作安全感。车载导航上的语音提示是通过卫星定位、语音识别、语音编码等智能语音技术在行驶过程中为驾驶者的行进路线提供的导航服务，它已被广泛应用。人声导航革命性地解放了驾驶者的眼睛和双手，提升了驾驶的便捷度和安全度。近年来，欧美、日本等汽车工业发达国家仍在继续研发语音功能。时下智能手机也都增设了语音帮助功能，这也是语音交互的重要体现，丰富了语音交互在现实生活中的应用。①

（二）人声的设计

人声语音导航的设计一般多用电子人声模拟，听起来过于模式化。有些软件可以帮助我们选择不同的语音导航，比如高德地图，这个软件可以上传网友自录自传的语音版本。总之，能让冰冷的机器感语调变个样，不失为一个有趣的尝试。

二、声效

风声、雨声、脚步声……声效指存在于自然界，除了人声和音乐之外的一切声响。它包括动作声、自然声音、机械声、环境声等。它的功能是增加真实感。比如早期苹果系统中发明的在清理“垃圾箱”时会发出的声响，让用户对该操作行为得到异常完美的体验，确实有将废文件一扫而光的快感。比如出现在备选声效列表中的“溪水潺潺”或“蛐蛐鸣叫”的大自然声效如果被用户选择作为电话铃声或信息提醒声，定会为冰冷坚硬的硬件设备增添清新气息。

（一）声效的应用——指令音

指令音也称提示音，“提示音”顾名思义，具有提示、提醒的作用。在电脑交互界面上，多将某一种声效应用在文件上传、下载过程中的完毕提醒。邮件发送完毕或者聊天软件收到新消息的声效提醒都是非常人性化而必

①黄秋野，周晓蕊.互动媒体设计[M].南京：东南大学出版社，2011：70.

要的。这样交互者就不必时时刻刻盯着显示屏。在公共服务终端机上的按键指令音也必不可少，当交互者在相对嘈杂的环境中操作时，每一个交互动作都期待得到确认，诸如点击按钮后所出现的声效，则是对交互者的一种贴心式回应。提示音还包括对操作行为的正确与否的提示。另外，电子杂志界面转换过程中的翻书声等声效的设计，还原了网络虚拟生活的真实感，提升了交互体验。

（二）声效的设计

声效的作用主要是仿真和提示。那么仿真角度上的声效使用，目的就是为了增加真实感，只要根据整体交互的需要添加相应的仿真声效就可以了。因此，声效的设计主要从提示音的角度考虑，建议使用响亮又不刺耳，或者说短促有力但旋律舒缓的音效作为提示音。提示音可以从素材库中获得，也可以用MIDI进行编辑、合成、制作。另外，错误命令提示音，除了公共空间自助服务终端机上的提示音保留之外，其他平台上的可以考虑取消。因为再好听的错误提示音也会增加用户的操作挫败感，并心生反感。需要留意的是声效自身携带的“性格”，即通过某段音效传达给听者的内心感受，它是音效设计的出发点。比如现在的手机电池即将耗尽的提醒声效创作得非常成功，确实带给人某种即将消亡耗尽的感觉。

三、音乐

音乐是泛指声效和人声之外的，与人类心灵相关的声响。物体规则振动发出的声音称为乐音，由有组织的乐音来表达人的思想感情、反映现实生活的艺术就是音乐；柏拉图说过音乐可以陶冶精神，音乐的目的有二，一是以纯净之和声愉悦人的感官，二是令人感动或激发人的热情；黑格尔说不爱音乐不配做人，虽爱音乐也只能称半个人，只有对音乐倾倒的人才可以完全称为人；音乐是唯一的宇宙通用的语言，赛罗杰斯如是说。如果把音乐和功能性联系起来，那好比是把情感物化一样亵渎音乐。音乐所烘托出的情感指数绝对是无极限的。

因此，我们绝不要忽略音乐作为交互元素在互动界面中所起的作用，尤其是在那些强调情感诉求的网页或者其他多媒体作品中，背景音乐的应用是不可或缺的重要辅助手段。

（一）应用——背景音乐

在网页，电子阅读平台以及公共空间服务终端机上，背景音乐的使用都是相当广泛的。即使是以信息文字类为主的网站，背景音乐的添加有时也能起到提神、舒缓的作用。原因在于音乐能营造一个立体空间，使用户沉浸其中，减少周围环境音的干扰，从整体上提高用户的满意度。

（二）音乐导航

音乐不仅可以通过播放器被我们欣赏，还有导航的功能。类似GPS的语音导航仪原理，导航仪通过音乐进行导航，帮助我们在路上行驶，找到正确的路。当我们背离了正确的方向的时候，音乐就会变得比正常的音量大很多。

（三）音乐的设计

1. 网络中音乐的格式

音乐的格式分为流音频、非流音频。流音频是指在网络平台上使用流式（realtime streaming）传输技术通过网络把音频传输出来。通俗地说，就是可以一边听音频一边下载的音频格式。非流音频则无法做到。

WMA（Windows media audio）格式：由微软公司开发，是典型的流音频，适合网络在线播放。它的压缩比达到1∶18，音质好，体积又小。同时，它不仅支持音频，也支持视频格式，因此，较为广泛地应用于网络中。

MP3（MPEG audio layer3）格式：事实上它是一种音频压缩技术。由于它的压缩比率和音质损失度之间能够达到相对完美的平衡（音乐发烧友的要求除外），压缩比可以达到1∶12，例如每分钟音乐的MP3格式大小只有1MB左右，因此也被大量地应用于网络上。

APE格式：属于无损压缩的音频格式。在音质不发生任何变化的前提下，它可以被压缩和还原。缺点是文件压缩后的大小仍不尽如人意。

WAV格式：也是由微软开发，比较广泛地应用于PC系统的音乐格式。它的缺点是尽管音质不俗，但文件压缩后的大小比APE还大，因此，多被转换成MP3或WMA格式后使用。

AIFF（audio interchange file format）格式：可以通俗地理解为苹果（Macintosh）系统里的WAV，是苹果系统平台上的标准音频格式。

VQF格式：也是一种很好的音频压缩格式，它的压缩比率甚至高过

WMA。

2.音乐类型的选择

背景音乐类型的选择，要考虑在不同平台的应用。比如在公共空间自助服务终端机上的背景音乐要突出公共性和文化性，尽量选择舒缓的、知性的、带有启迪感的轻音乐。或者充分利用这个公共宣传媒介，为某些企业宣传、推广而专门设计听觉元素。此时音乐的选择就要突出符合企业理念的职业化气质。那么，在网站背景音乐的设计上，则要从以下2个方面考量。

（1）网站音乐的搭配步骤

声音选择的方法：①先选音乐，用音乐来确定网站的主题基调。②网站设计出来后，根据视觉体验再选音乐，根据页面的色彩基调和色彩布局来选择音乐，色彩的节奏和音乐的节奏形成一定关系。③创作原创音乐，避免雷同，例如MIDI音乐编辑软件的普及。

听觉元素的可控制性按钮设计：声音的特性使得用户无法自行选择听与不听，因此，在交互平台上音频设计的可控按钮功能尤为重要。现在有很多个人网页会提供一种以上的音频素材，浏览者可以根据喜好和心情更换和选择，如音频的启动和终止的自由，音量大小调节的自由，甚至选择哪种类型的音乐的自由。一般用小喇叭、音符、停止开始图标、耳机或节奏脉搏图标等表示。

另外，在整个链接的页面中起到中转作用的页面，尽量采用静音或不要求连续性的音乐，以免声音在反复的跳转链接中总被打断。而对于那些信息量较大或者预知浏览者会驻足时间较久的页面，加些音乐，以免产生枯燥感。背景音乐和按钮声响同时存在时，一定要分清主次。

（2）文字阅读类网站背景音乐的重要性

音乐与情感：随着人们日常生活方式的重心向虚拟世界过渡，传统获取信息的途径正在发生改变，在虚拟的网络世界中，进行大量的文字阅读成为必不可少的生活内容，此时增加点背景音乐会防止困倦、烘托气氛、缓解疲劳。尤其在电子杂志中，声效音乐的应用愈发广泛，添加与文字内容相匹配的背景音乐是提升阅读质量的好方法。

音乐的搭配原则：①注重音乐的感觉与交互产品主题的匹配，音乐的主题是煽情的、公益性的，界面网站一定要多用音乐。音乐的时代感很强，比如一个网站的内容刚好跟20世纪80年代有关，那么邓丽君的歌曲一播放，可能就给它定准了调子，胜过图片和影像的诉说。②注重音乐的节奏和页面色彩基调的匹配，根据页面的色彩基调和色彩布局来选择音乐，假设以灰色调为主，那么音乐的旋律就起伏不大；如果是亮色调的页面，那么音乐的选择则可以节奏感强烈些。

第三节　交互元素设计的整合思路

本节从全局的观念梳理出数字媒体交互元素设计的整合思路：用户目标明确—整体调性确定—视觉及交互方式设计—用户测试；通俗地讲即为谁而做，朝哪个大方向去做，应用于什么平台具体做什么，怎么做是否做得合理、做得好。

首先介绍用户目标明确的要求。从专业的属性上看，艺术设计和艺术创作都是以“美”为追求的创造性活动，然而，两者最大的区别当属设计师的创造自由度相对低于艺术家。原因就在于艺术设计始终是目标性设计，或者称其为用户性设计。有设计师甚至夸张地称其为“戴着镣铐”的设计，这些都说明了数字媒体交互元素设计应该在一定的框架内进行。尽管衡量优秀的设计师的标准是能够在设计与商业功能之间找到完美的支点，并有责任和能力引导用户接受更美、更好用的设计产品，然而，设计行为绝不允许天马行空、漫无边际，否则，设计的价值就无法得到体现。中国古语讲，“干活不由东，累死也无功”，说的就是这个道理。因此，用户分析是数字媒体交互元素设计的第一步。伴随着数字媒体交互设计的发展，用户对交互产品的体验已经趋于成熟，可谓见多识广。交互元素的设计是否为他们着想了，他们一眼就看得出来，任何一点偷懒，任何一点华而不实，他们就会因挑剔和失望而放弃继续使用。因此，对用户的了解和分析，进而通过努力而博得用户的青睐，不能不说是交互元素整合步骤中的重中之重。

因此，针对不同用户进行各个数字媒体交互元素的整合设计是必需的。以图标设计为例，为苹果系统设计图标和为PC系统设计图标，用户群的定位存在一定差异。前者的用户群多为专业人士或年轻“炫”一族，那么，它的图标定位至少在视觉上要求更高一些。而PC系统，由于用户群相对大众化，那么，图标的设计必须保证年龄跨度大、文化程度不均、文化存在差异的不同类型用户的通用性。另外，不同平台，比如ATM机、手机、汽车导航仪等交互元素的设计也要不同用户不同对待。我们这里所说的都是非常简单的原则，其实对客户的分析是非常系统的工程，要通过科学的方法进行分析、总结，它涵盖在所有数字媒体交互元素的设计当中。①

明确为谁而设计，应用在什么界面上，这个很重要。它为第二步找到正确的设计基调指明了方向。

数字媒体交互元素整合设计的第二步，在明确了用户是谁，应用在何种平台的基础上，进行有针对性的方向定位。知道了为谁服务之后，一切努力才有了方向。也就是确定整体的一个设计基调，其中包括感情的基调、色调、质调等。比如说应用在年轻人为主的手机界面上，应该是科技感强的、炫酷的感情基调，那么在颜色的选择上可以是金属色银灰调、科技感的蓝调、梦幻的紫调。如果是为大众设计的，那么在感情色彩上尽量中性、色彩和谐、明暗适中、中规中矩。如果为老人设计，那么基调应是温馨的，关怀的、人性的、色彩要柔和。大多数中国的老年人喜欢红色、喜庆的基调。

整体调性的确定能从大局着眼，让设计师在大方向不迷失的前提下进行细节设计。这是符合先整体后局部的宏观创作方法。确定风格就是根据界面的总体风格的策划思路，结合界面其他元素的需要，对整体风格进行考虑，使得各个交互元素与整体效果相融合。

以色彩调性为例，假设定位为酷炫感的色彩基调，那么，把常用的软件打开，并打开调色板，挑出你认为炫酷的色彩的系列。当色彩基调确定之后，在这个范围内进行色彩的搭配，不会脱离这个大的基调。这是在整体中有变化，在变化中又高度统一的境界。

第三步是确定各个数字媒体交互元素的视觉呈现以及与交互程序的协作：在风格和基调确定下来之后，只要与大的基调和风格不违背，设计师可以相对自由充满创造性地进行造型的设计。

数字媒体交互元素整合设计的第四步即用户测试：这一步也是有些设计者图省事，常常忽略的一步。有些设计师很自恋，对自己的作品过分自信，

①刘伟.高等院校工业设计类“十二五”规划教材 产品交互设计[M].青岛：中国海洋大学出版社，2016：37.

一厢情愿地以自己的喜好为准，而忽略了不同用户的使用感受，认为他觉得好的，用户也一定喜欢。因此，在投放之前，交互产品的用户测试是非常必要的，也是非常有用的一步。大多数数字媒体交互设计团队，一般会设立一个专门的测试部门，以便随时检测，及时听取用户的建议和意见，及时修改，有效地把上线、面世之后的遗憾概率缩到最小。这样既节约成本，对投放使用的好评率也是个有效的保证。以谷歌眼镜为例，它在产品面世之前，接受顾客预订的前提是请用户试用。测试要模拟真实的产品应用环境，比如移动媒体交互产品的测试，就要考虑到嘈杂的、日光照射的、行走中的环境等。

第五章　数字媒体交互设计中的情感

数字媒体交互设计中的情感设计，其核心是以人为本的概念，它要求设计人员在设计时充分考虑人的因素，同时考虑到人的生理和心理发展需要，以及人的心理习惯、习俗、政治、经济和社会需要，并和谐协调相关关系，使人与物、人与自然、人与社会、人与自身和谐发展，构建乐观世界。

第一节　交互设计中的情感化趋势

一、情感化设计概述

（一）什么是情感化设计

情感化设计是现代数字媒体交互设计的一个重要的诉求，它的出现是对工业社会以来过于注重实用性的现代设计理念的反驳。情感化设计注重在设计中关注人的情感需求，要求在设计物品的时候要通过其造型，包括色彩、形状和材质来将物品背后所包含的情感要素传递给消费者，使其感受到体贴和关爱，乃至在深层次上感受到一种情感共鸣。当然，情感化的呈现要立足于对物品的功能性满足之上，它的设计要符合人体工学的规律和人们的工作习惯。使用功能和情感功能并不是完全割裂的，从某种意义上讲两者是相辅相成的。[①]

（二）情感化设计的必要性

在后现代社会，消费主义的思潮在我们的日常生活中波涛汹涌。在许多人的眼里，消费已经不再是追求物质上的满足，更是确立主体价值的一种表现。相比于物质实体来说，物质的“非实用性”，或者说“符号性”正在变得日益重要起来。物质的符号作为一种象征性的存在，渗透在人们的生活中，物质消费象征着人的身份、个性和地位，在这种象征中，人们捕捉着若

①苟锐.人机交互设计美学[M].成都：西南交通大学出版社，2021：91.

有若无的情感关怀。消费动机由“理性”走向了“感性”，由“物质”走向了“感情”。例如著名设计师菲利普·斯塔克设计的榨汁机。它的独特创意形态赋予了它奇异的情感魅力，人们评价它时说道：“我们并不使用我们的Juicy Salif，它的作用不在于被‘使用’，而是被当作艺术品来欣赏的。”这种“审美泛化”的现象出现，预示着情感化设计正随着时代需求走进消费社会的人类视野，它的到来有着一定的必然性。

（三）情感化设计认知

情感化设计认知是指人们在接触到物品的时候，通过一系列的自我感知、联想、思维、回忆、感受等过程，进而达到与物品之间产生一种情感态度的心理特征。

具体来说，情感化的设计认知包括以下3个方面。

首先，感官上的情感接受。要想感受到情感化设计的妙处，我们首先要具备健全的生理机能。这看起来是最轻易就可以拥有的，但实际上却是情感设计认知的首要基础。人的生理器官可以感受丰富的外界刺激，是我们对外界形成的第一认知。器官是情绪传达的重要媒介，每一个器官对于事物的反应都会最终转化为一种感受。这种感觉是形成我们感知和判断的最原始的基础。

其次，知觉的加工。对于我们从感官层面的各种感受来说，还要经过知觉的组织、辨别和加工，才能由不稳定的感觉转变为具有一定稳定性的情感结构和认知结构。也就是说，感觉是知觉的基础，知觉是感觉的深入。但知觉不是感觉的简单相加，而是经验对感觉的有机综合。另外，我们还需要注意的是，我们关于事物的情感知觉，不可能一次就完善，而是需要多次的感知才能慢慢转化为完整的印象，从而形成一个人对物品的情感。知觉将这种情感传递，在相互碰撞中升华出一种更高级的观念，继而再使观念相互碰撞升华出情感，由此形成对物品的认知。

最后，行为的情感认知。认知是个体认识客观世界的信息加工活动。人对情感活动的认知建构，本质上不是对外源信息的机械式复制，而是对其进行个性化的组织和意义创新过程。情感是外部刺激和主体的认知反应之间相互作用的结果。行为是这一系列相互作用的结果，是情感和认知在行动层的外化。

情感化的设计主要是一个心理过程，消费者对信息的感知具有瞬间性，从接收信息到提取信息，再到消化处理的过程，虽然看似烦琐，但实际上几乎是在一瞬间内完成的，是消费者在长期生活过程中，日积月累形成的变化在一瞬间的显露，并且这样的情感体验还将在未来影响着他对品牌的认知和期望，刺激购买欲望。

二、在数字媒体交互设计中融入更多的情感因素

数字媒体交互设计的一个主要目标是开发能够激发用户积极反应的互动产品，如舒适感和易用性。设计师还关注创建交互式产品，这些产品可能会引起用户特定的情绪反应，如鼓励他们学习，或者创造性沟通。此外，人们越来越重视建立一个可靠的网站和应用程序，允许用户在网上购买或反馈时自由披露个人信息。简言之，我们把这个新生的领域称为“情感交互”。重视情感设计将是未来数字媒体交互设计开发的趋势，情感位置将受到重视。如何将“交互设计”转化为“情感设计”，将是数字媒体交互设计师面临的新挑战。作为一个设计师，将想要表达给消费者的情感因素融入设计中，从而设计出满足消费者生理心理需求的产品，可以从以下2个方面努力。

（一）以消费者为中心

在进行创造性设计之前，设计师必须充分了解消费者的心理需求，对特征需求进行全面分析，以发现或使之产生各种欲望刺激。此外，也需充分考虑消费者使用其产品的环境，使所开发的产品能真正配合消费者的生活和使用环境。在某些情况下，消费者甚至可以参与设计过程，使设计中心始终以消费者为中心，设计产品更贴近消费者需求。例如，可以从人机开始，如在清洁的表面设计具有物理功能的清洁设备，以及与用户接触的生埋和心理方面，可以根据机器的数据进行详细的人体分析。也可以从环境入手，如设计以绿色环保为主题的数字媒体交互设计。简言之，如果我们能够实现产品的和谐和协调，创造一个环境，使内在的生活感觉变得愉悦，以及温暖、舒适、轻松、快乐、宁静、安全、自由和活力的感觉，我们就成功了。

（二）体现个性情感

在当今高度工业化的社会中，人们希望个性化交互产品能表现出各种各样的情感。现代交互产品必须发挥情感物化的作用，能够充分表达每个人的

个性爱好。交互产品的感官因素是一个复杂的系统，可以相信交互产品的情感投入度越高，交互产品的附加值就越高，对设计师的质量要求就越高，这不仅在技术上，而且在理论上，无疑是对设计师质量的挑战。

与其他产品不同的是，情感化数字媒体交互产品最大的特点是将产品放在人的心理因素的首位，让消费者在使用过程中和产品产生超越人和物的情感。在工业产品日益枯燥的时代，情感产品以其非凡的个性、温柔的人性关怀，以及极具创意的人生哲学，越来越受到人们的关注和喜爱。情感产品在功能和材料上并不均匀——它们非常受欢迎，但它们包含了情感因素，可以让消费者和产品走得更近，在情感交流中赢得消费者的青睐。交互产品设计的情感因素是由设计的艺术属性决定的，情感需求是人的基本心理特征。

这里以人机交互界面设计为例。人机交互界面设计不仅使界面美观，更重要的是使其流畅。设计者为人机设计界面，以帮助用户通过与界面的交互来实现预期目标。在这个过程中，最重要的是引导用户进行简单的交互和愉快的视觉访问。从这个意义上说，优秀的计算机界面必须设计成清晰的视觉制导系统，以帮助用户轻松快速地找到想要查看或需要采取行动的界面和控制按钮。目前，互动式界面设计在我们生活中随处可见。它作为人与产品互动的媒介，承担着信息交流的功能，从而获得体验。人机交互界面的实现离开优秀的硬件支持，或离开显示器、处理器、界面设计等科技进步，就不可能更加积极地在更广泛的环境中利用复杂的操作产生非凡的效果。因此，交互界面是科技以艺术情感设计服务人类的典型代表。由于计算机及智能手机的广泛使用，这类电子信息产品的界面设计成为当今互动情感设计的主题。

一个成功的界面设计能刺激用户的情绪，满足他们的心理需求。数字媒体交互设计充分考虑用户的心理，并在此基础上进行功能设计，既能吸引用户，又能不断积累用户的信任和忠诚度，从而提高其产品的知名度。如今，微信在社交应用市场积累了大量用户，正是因为设计师准确定位了用户群，借鉴了用户的情感诉求，分析了用户的情感，大胆创新，才获得丰厚的回报。积极探索新的情感可能性，引起了群众的情感反应。

界面设计中的深度交互可以给用户带来更深层次的情感体验，可以给用户带来熟悉和陌生的兴趣，从而增强用户对界面设计的热爱。数字媒体交互设计的魅力在于用户参与度的提高，也带来了积极的变化。现在市场上有很多音乐节目，让零级用户体验演奏乐器的乐趣，这是特别聪明的宣传方式。因为产品本身提供了许多让用户更容易掌握技能的建议，这样的操作不仅让消费者获得自信，也让用户获得乐趣，同时设计师对他们的心理做出反应，使这些App非常受欢迎。

因此，数字媒体交互设计必须以用户为中心，使其具有良好的用户体验。这样，用户的情感诉求就要体现在设计中，微信的成功更是印证了这一点，准确把握用户的心理，进入其内心，引发用户的反响将成为未来互动的目标。在数字媒体交互设计中，需要掌握用户积极的情绪，使其能够在良好的情绪状态下使用产品。因此，在数字媒体交互设计中，感官设计是最重要的元素，不能失去。

第二节　交互设计中的情感运用

本节以儿童智能家具为例，论述数字媒体交互设计中的情感运用。

一、儿童智能家具与情感交互概述

（一）智能家具的概念及特点

1.智能家具的概念

目前，学术界对智能家具的概念还未明确阐述，网络中对智能家具做的解释是指以传统家具为基础，将电子机械与物联网智能手段进行结合，增强家具的智能化与时尚性，以提升家居生活的舒适性。

从广义上讲，智能家具的概念是指使传统家具的某些操作得以简化，甚至取代，或者为其设计出新的功能的家具。从狭义上讲，智能家具是指传统家具应用了某些智能手段，例如智能识别、无线网、电子机械、蓝牙等技术，通过智能分析来了解用户的需求，以便做出反应使得用户得到身心满足。①

2.智能家具的特点

当今家具行业市场竞争日益激烈，智能家具在设计中应强调其功能性、

①曾奕宸.数字媒介下字体交互设计的情感化研究[J].美术教育研究，2023（24）：93-95.

技术性与简洁性，其主要特点包括：

（1）功能创新

创新是发展的动力，由于是将智能手段融入进传统家具中，所以必然会有功能的创新，而且其功能性要比普通家具更为突出，主要表现为更高级、更便利、更舒适。目前，许多智能家具将其照明设备设计为自动开关、根据环境变化而自动调节光照强度等功能，这也是智能家具的闪光点之一。

（2）操作便捷

产品设计应以人为本，智能家具也不例外，其设计应使人们的生活更便捷，尤其应重视用户与其使用环境，使得智能家具操作更加便利。智能家具本应简化人们的操作，但也由于功能的丰富形成不好的印象，为避免误会，就需要设计师在设计时通过保证其功能的情况下，简化操作来解放人们的思想，使用户无论何时进行操作都觉得得心应手。

（3）使用智能材料

智能家具的设计必然会应用到智能材料，智能材料可以对外界环境的改变做出反馈，进而做出判断与调整。目前，智能材料在军事、航天、医药、建筑与工业产品等诸多方面得以应用，在智能家具市场上，许多桌椅、衣柜等产品皆使用了智能材料，这些材料具有监测人们各种生理信号、促进人体健康成长的作用。

（4）批量生产

智能家具一般是由传统家具与智能设备2部分组成，其生产流程与传统家具基本一致，不同点则是需要成熟的智能技术，在设计时与家具进行有机结合，使技术充分发挥作用，之后便可投入生产，智能家具的设计在很大程度上会应用传统家具的生产工艺，故可大批量生产。

（5）外观时尚

智能家具由于应用智能材料与技术，因此其外观的现代感与时尚感会更强，例如其造型会随着特殊的整体结构而变得更独特、色彩也会更新颖，这些会表现出新的形式，从而使人们的身心需求得到满足。

对智能家具特点的深入研究，可使设计师们更加熟悉智能家具，在设计时可游刃有余。

（二）儿童智能家具概况

《儿童权利公约》界定儿童的年龄范围为0～18岁，该年龄段主要涵盖学龄前与学龄期阶段，许多儿童活动都是发生于这个年龄段。儿童家具是指针对0～18岁的儿童设计的家具，而儿童智能家具，则是指通过一定的设计与表达，把智能化技术应用至儿童家具设计中，使儿童家具设计更加智能化与人性化，以增强儿童在使用家具时的满足感。儿童智能家具的指导理论主要为传统家具制作工艺与智能化技术，还包括如机械设计、计算机科学与技术等学科的交叉，这些学科的相互结合为儿童智能家具的结构、操作以及生产提供了技术支持与保障。

二、儿童智能家具的情感交互分析

成长发育是人体的自然现象，从人出生开始便从不间断。儿童在成长过程中具有鲜明的生理、心理、行为上的特征与需求，并且这些特征与需求影响着儿童的情感表达，因此，儿童成长特征与需求的分析对如何提升儿童智能家具的情感交互体验有着重要作用。作者通过阅读大量资料，对儿童成长发育过程中的生理、心理、行为的特征与需求进行了归纳。

（一）儿童成长的生理特征与需求分析

随着年龄的增加，人在生理上发生着极大的变化，身高与体重不断变化、大脑不断丰富、各部分器官也逐渐发育成熟，在儿童智能家具的设计中应充分考虑并适应这些变化。

以下为不同年龄段儿童的生理特征与需求归纳。

1. 0～3岁

这一阶段儿童的成长非常迅速，其中儿童身高体重的变化最为明显，身高与体重的生长是成正比的。儿童在2岁左右时，其大脑重量就已达到人的75%，并且其视觉、听觉、嗅觉与触觉感受已逐渐形成，各方面能力也在不断发展。因此，智能家具应给儿童以良好的感官情感体验。

2. 3～6岁

学龄前期的儿童相比于婴幼儿时期，其成长速度相对较缓。其骨骼与肌肉发育加快，脂肪含量相对减少，腰部宽度与臀部或胸部平齐，身体协调能力增强，由于大脑还未完全发育，儿童较为好动，故肢体易疲劳、易受伤。

因此，智能家具应充分体现出对儿童安全方面的情感关怀性。

3. 6～12岁

该时期男孩增长速度慢于女孩，由于其骨骼发育较快，故易变形、脱位，肌肉较柔软纤细，奔跑速度与跳跃高度增加，但力量较小，不宜经常进行细致与持久的活动，其大脑重量已与成人相当，功能也不断完全，但易疲劳。因此，智能家具应具备多种情感功能以提升情感交互体验。

4. 12～18岁

这一阶段是儿童步入成年的过渡期，也叫做青春期，是自婴儿期后成长速度最快的时期，其身高与体重变化巨大，并且逐渐走向性成熟。12岁后，女孩身高增长速度变缓，约增长2.5厘米/年，而男孩在14岁后身高增长速度加快，约增长5厘米/年。过了16岁后，儿童身高的增长速度放缓。该时期儿童体重每年大约增加5千克，男孩的肩膀逐渐加宽，肌肉更强壮，出现喉结，声音变粗，力量逐渐增强，而女孩身体曲线则更显柔和，声音也更甜美。因此，智能家具应满足一定的情感互动性，让儿童的情感可以得到充分表达。

（二）儿童成长的心理特征与需求分析

儿童的心理成长伴随着生理成长，主要体现在其思辨力、注意力、想象力以及学习力的不断增强，不同年龄段的儿童心理特征与需求如下。

1. 0～3岁

刚出生婴儿的意识较微弱，心理发展处于初始阶段，随着婴儿的成长，他们对身边事物的好奇度增强，能通过哭与笑来表达自己的心理感受，拥有一定的分辨力，可以分辨几种简单颜色，并且偏爱一些有趣的造型与颜色。由于年龄的增加，儿童通过各部分感受器官来认知世界，丰富其意识与想法。因此，智能家具应有一定的趣味性，满足儿童的好奇心。

2. 3～6岁

该时期的儿童好奇心非常强，开始尝试着探索世界，并且爱提问题，记忆力增强，可记住一些事情，形成自己的意识。但情绪不稳定，对世界的认知相对自由化，可随着环境影响而产生强烈波动，其自我控制力较差，情绪易极端化。因此，儿童智能家具应具备益智性，引导孩子的成长。

3. 6～12岁

该时期儿童处于学龄期，其思维逐渐由具象过渡为抽象，空间思维迅速发展，可对周围事物进行简单的联系、概括。其对事物主要进行感性判断，缺乏理性分析，因此极易混淆是非。男孩与女孩审美特征有所区别，男孩大都喜爱刚硬、刺激的事物，而女孩喜爱柔和、清雅的事物。因此，智能家具应具备一定的关怀性，让孩子的情感向积极的方向发展。

4. 12～18岁

这一时期为儿童的青春期，心理活动非常活跃，情感极大丰富。随着儿童对外界认知的迅速发展，形成了极强的自我意识与逆反心理，因此其情绪转变的自由化程度较高，易大喜或大悲。该阶段儿童已经逐步形成自己的三观，其分辨力已较强，具有一定的逻辑思维，可独立解决一些学习与生活中的问题。因此，智能家具应具备一定的多样性，可满足孩子不同的情感需求。

（三）儿童成长的行为特征与需求分析

儿童的行为是指儿童通过大脑来支配肢体所进行的行为活动。儿童的行为特征会伴随着生理与心理的变化而不断调整，直至成熟。这些行为主要体现在儿童的游戏、学习与日常生活中，不同阶段儿童的行为特征与需求如下。

1. 0～3岁

新生婴儿由于其大脑发育未完全，因此对肢体的操控力较差，其动作也许是漫无目的的。随着年龄的增长，四肢得到锻炼，逐渐学会走路，其动作更协调，并且还会模仿身边人的声音以及行为举止。因此，智能家具应具备多种情感功能，以满足儿童多种行为需求。

2. 3～6岁

该时期儿童的行为特征主要体现在游戏中，通过不断的游戏锻炼，他们具备了很强的手眼以及四肢的协调能力。该阶段也是形成儿童生活行为习惯的重要阶段，其学习与生活行为主要还是通过对成人的模仿，逐渐学会自己喝水、大小便等基本技能。因此，智能家具应具备行为引导功能，以促进儿童行为的健康发展。

3. 6～12岁

该时期为儿童的学龄期，其大脑与肢体的配合日益默契，可进行相对复杂的动作，其行为特征主要体现在学习生活中。通过学校老师的教导，其行为会产生自律性，通过与同学的接触，逐渐拥有自己的朋友圈。由于儿童书写量的增加，其手部力量会有所提升。因此，智能家具应具备情感互动功能，以满足儿童的交流需求。

4. 12～18 岁

该时期为儿童的青春期，随着生理与心理的巨大改变，导致了儿童行为的自主性。由于自主意识的增强，又以与众不同为目的，因此会出现很多逆反行为与家长和老师作对，以寻求心理上的满足。该阶段儿童好参加集体活动，喜爱热闹环境。因此，智能家具应具备情感关怀性的功能，让儿童获得温暖感与贴心感。

三、基于情感交互的儿童智能家具设计原则与设计方法

由于儿童智能家具的各个设计要素中都存在着情感交互，并且情感交互理论中也有多种不同的设计方向，每种设计方向还可以采取不同的设计手法，因此，基于情感交互的儿童智能家具设计应提出系统化、规范化的设计原则与方法，来提升儿童用户的情感交互体验。

（一）情感交互对儿童智能家具设计的作用

儿童智能家具的情感交互水平对儿童用户的情感体验有着很大的影响，通过对情感交互理论的研究，归纳了情感交互对儿童家具设计的作用，分别为提升儿童的用户体验、促进儿童的健康成长、增强产品价值与竞争力，具体如下。

1.提升儿童的用户体验

目前，儿童智能家具市场琳琅满目，可却千篇一律。多数只是侧重于其物理特性，对人情感体验的研究还尚浅。产品满足用户情感需求的整个过程正是情感交互发挥着作用，因此对情感交互的研究可解决如何使儿童在使用智能家具产品的同时获得情感满足的问题。

儿童家具不仅是孩子的物品，更是孩子的伙伴，是一个情感的载体，而儿童智能家具的情感交互需要体现得更明显，更需要孩子与其交流互动，因此对于儿童智能家具情感交互方式的研究是十分必要的。设计师可以通过提取情感因素，例如功能、外观等，并将这些因素巧妙组合后融入儿童智能家具的设计中去，使其交互更具情感化。情感交互理论将儿童与家具之间的情

感互动作为研究重点，努力培养人机感情，从而丰富儿童的生活。实际上，在经过情感交互设计后的儿童智能家具已不仅仅是一件普通产品了，它还蕴含着情感，可调节儿童的情绪，愉悦感情。情感交互应贯穿于整个儿童智能家具设计中。

2.促进儿童的健康成长

智能家具作为儿童情感记忆的载体之一，长时间陪伴着儿童，对儿童的健康成长有积极作用，同时也可使儿童产生情感的联想。

设计师经过分析儿童对智能家具的身心需求后，设计出合理的功能、造型与外观，巧妙地融入情感交互因素，使智能家具成为儿童情感记忆的载体，将正确情感传达给儿童，以寻求情感上的共鸣，形成和谐的使用氛围。做好情感交互可培养儿童的自信心、成就感，以缓解儿童由于学习压力过大而导致的孤独感。通过巧妙的操作方式以引导儿童的行为，从而达到活跃思维、提高动手能力的目的，并通过良好的生活习惯让孩子健康成长。

3.增强产品价值与竞争力

由于科技的迅速发展，消费者越来越倾向于具有更高情感体验的产品，情感化交互设计是未来产品设计的侧重点。

在当下儿童智能家具行业的发展中，倘若儿童智能家具企业可将情感交互方面着重考虑，设计师将情感交互理论融入设计中，打破传统家具市场设计模式，那么便可打动广大消费者，激发消费者的购买欲望，这样才可通过内在来提升产品的价值与竞争力，儿童智能家具行业才会更加繁荣兴盛。

（二）基于情感交互的儿童智能家具设计原则

通过对情感交互理论以及儿童智能家具市场的调研分析，作者提炼出基于情感交互的儿童智能家具设计应遵循的4项设计原则，分别为关怀性原则、互动性原则、趣味性原则与多样性原则，具体如下。

1.关怀性原则

关怀性原则，是指设计师在进行儿童智能家具的设计时，应本着可让儿童在使用智能家具过程中获得情感上的关怀的原则，使儿童获得心理温暖感、贴心感，从而达到提升智能家具情感交互体验的目的。关怀性原则的提出主要是基于儿童成长规律的特殊性与市场上儿童智能家具设计对情感因素的忽略这2方面原因。

（1）儿童成长规律的特殊性

由于儿童年龄较小，相对于成人来说，是一个弱势群体。在儿童与智能家具交互的过程中，由于其动手能力较差，导致了对智能家具的操控力变弱，使其心里有种挫败感。为了解决这一问题，就需要设计师对智能功能进行关怀性设计，从而安抚儿童的悲伤情绪，达到提升儿童情感交互体验的目的。

（2）市场上儿童智能家具设计对情感因素的忽略

目前，儿童智能家具的设计普遍存在忽视情感因素的问题，许多儿童智能家具的设计虽然很智能，但有些功能与操作方式设置得极为复杂，很不利于儿童的使用，让儿童产生心理压力。由于儿童的感性思维大于理性思维，对事物的认知度较低，因此，智能家具过于烦琐的功能设置与操作环节，会让儿童在心理上充满苦恼。许多智能家具进行棱角分明设计，以求提升审美性，由于儿童天性好动，因此，导致了儿童在使用智能家具时，不免会磕到智能家具的棱角，使儿童身体受伤，并产生心理恐惧感，由于不符合儿童智能家具关怀性的原则，导致了儿童产生许多负面情绪，进而对儿童的身心健康造成了危害。因此，他们迫切需要在交互过程中得到情感关怀，以减轻情感压力。

童年生活是人生中最重要的时光之一，影响着每个人的一生。儿童智能家具是陪伴儿童时间最久的产品之一，起着非常重要的作用，对其心理发展有着引导作用。随着使用时间的推移，儿童可与智能家具形成伙伴依赖关系，并对其产生一种情感上的关怀渴望。因此，在进行儿童智能家具的设计时，应处处为儿童进行关怀性考虑。让儿童充分感受到智能家具所带来的情感关怀，才能使儿童健康快乐成长。

2. 互动性原则

互动性原则，是指设计师在进行儿童智能家具的设计时，应本着让儿童在使用智能家具的过程中可获得情感互动的原则，让儿童的内心世界可以得到规律性的表达，情感可以得到充分的抒发。

交流互动是人类基本的生存方式之一，在儿童的成长过程中，适当的交流互动可促进儿童语言组织能力与逻辑思维能力的发展。儿童需经常与外界进行交流互动，才能多维度健康成长，其中包括与父母、老师与同学之间的交流。但许多父母由于工作的繁忙而造成了亲子之间情感交流的缺乏，当孩子放学回家之后，长时间的独处会导致孩子产生孤独、抑郁的情绪，进而影响孩子的心理成长。针对这一问题，设计师需要寻找儿童可互动的对象，儿童房间的智能家具是最合适的互动选择。设计师可将智能家具进行互动性设计，让孩子可与智能家具进行交流互动，让儿童将自己的郁闷情绪发泄出去，达到心理上的愉悦。

在儿童智能家具设计中本着互动性的设计原则，还可治疗儿童在成长过程中由于缺乏交流互动而产生的心理疾病，并培养儿童积极、开朗、乐观的生活态度，促进儿童情商的发展。

3.趣味性原则

趣味性原则，是指设计者在进行儿童智能家具的设计时，应本着让儿童在使用智能家具的过程中可获得乐趣的原则，以消除智能家具因单调功能给儿童带来的心理枯燥感，提升其使用积极性。

兴趣是儿童行为的动力源泉，提升儿童智能家具的趣味性可促进儿童的使用兴趣，进而提升其使用积极性。当儿童面对外观、功能或操作方式都特别单一的智能家具时，其各个感官系统都会产生疲劳感、无聊感，导致儿童对智能家具的疏远，甚至抛弃。因此，为避免该问题的发生，设计师可通过对智能家具进行趣味化的设计，让儿童拥有获得乐趣与情感愉悦的渠道，以充分调动儿童的使用积极性。并且适当的趣味性会促进儿童大脑发育、培养儿童的幽默感，满足儿童好玩的情感需求。

4.多样性原则

多样性原则，是指儿童智能家具的外观与功能可进行多样变化，以满足儿童多样化的情感需求，进而提升儿童情感交互体验。

由于儿童好奇心较强，情绪转变较快，喜欢新奇、有趣的事物，并且在其成长的不同时期会偏爱不同的外观与功能，因此，设计师应遵循儿童智能家具具备多样性原则，以适应儿童内心需求的多样化。目前，智能家具的价格比普通家具略高，许多父母由于经济条件的限制，家中购买的儿童智能家具数量较少，很难满足儿童追求智能家具丰富化的情感需求。因此，儿童不得不经常面对功能与外观较单一的智能经济产品，时间久了会产生厌倦感，会产生能用却又不想用的矛盾心理。设计师可让儿童智能家具充当的角色具备多样性，通过多样化的表现形式，来缓解由于家中智能家具数量少而导致的失落感，并增强其情感交互体验。同时，智能家具的多样性可增大儿童的可使用空间面积，进而增加儿童的游戏空间，使儿童更容易获得情感放松。

瑞士的巴黎高等洛桑联邦理工学院的研究者发明了一种可自由组合的智能家具——Roombots智能家具，相比于乐高家具，其智能化程度更高，可接受人的语音命令而进行自由组合，可形成不同的造型，拥有不同的功能，以满足用户想要体验多种智能家具的心理情感需求，提升智能家具的情感交互体验。

由于情感交互具有多维性的特征，因此，设计师在进行基于情感交互的儿童智能家具的设计时应本着以上,4项原则，依据情感交互的理论与方法来进行具体的儿童智能家具设计。

（三）提升儿童智能家具情感交互体验的设计方法

通过对情感交互理论与儿童智能家具案例的研究，作者提出了提升儿童智能家具的情感交互体验的6种设计方法，分别为云端化设计法、游戏化设计法、语音化设计法、律动化设计法、情感仿生设计法与情境主题设计法，具体如下。

1.云端化设计法

云端化设计，是指设计师在进行儿童智能家具的设计时，可通过网络云端的方式，增强智能家具对儿童的互动性与关怀性。云端化设计主要可采取的方法为云端互动设计与情感信息记录，具体如下。

（1）云端互动设计

云端互动设计是指儿童可通过智能家具的网络云端与家人、同学进行交流，以增强儿童的情感互动。

随着生活节奏的不断加快、经济压力的不断增加，许多家长不得不整天忙于工作，而儿童的学业又占据了儿童生活的大部分时间，造成了亲子之间缺乏情感交流而产生隔阂的现象。针对这一问题，设计者可增加儿童智能家具与手机终端连接的功能，让儿童可通过智能家具的文字、语音或视频的功能与家长们进行远程交流，并且家长也可随时随地了解孩子的实时情况，以解决亲子之间缺乏互动的问题，同时使儿童产生强烈的情感陪伴感。设计者也可通过智能家具本身的云端连接，让儿童与家中有智能家具的同学进行交流互动，促进伙伴之间的友谊发展，同时也让儿童对智能家具产生情感寄托。

（2）情感信息记录

情感信息记录指的是通过赋予儿童智能家具云端数据记录功能，来记录每次儿童的智能家具使用情况，并带有情感评价。

随着儿童心理的逐渐成熟，其表达欲望逐渐增强，越来越喜欢在别人面前表现自己，并期盼得到家长和同学们的赞扬。设计师可抓住这一心理特征并作为切入点，来提升儿童智能家具功能的情感交互。儿童智能家具的云端记录功能可记录儿童的历次使用时间与使用方式的正确度，并做出最优秀、最聪明、最努力等鼓励语言的情感评价，儿童可通过电子设备进行查看，也可通过云端分享给父母和朋友。儿童智能家具通过迎合儿童强烈表达欲的特征，来激励儿童进步，让儿童的情感得到抒发。例如，儿童智能书桌可添加儿童坐姿情况的记录功能，并根据儿童坐姿标准度的高低以及保持时间的长短做出情感评价，以鼓励儿童养成健康的学习习惯，同时满足儿童的情感表达需求。

2. 游戏化设计法

游戏化设计，是指设计师在进行儿童智能家具的设计时，可加入游戏化的操作方式，让智能家具通过趣味性来吸引儿童，以促进儿童的情感交互体验。游戏化设计法主要分为智能家具整体的游戏化设计与智能设备交互界面的游戏化设计。

（1）智能家具整体的游戏化设计

智能家具整体的游戏化设计，是指通过对儿童智能家具整体的功能或操作方式进行游戏化设计，来提升智能家具的参与互动性，使儿童在使用过程中获得情感愉悦。

游戏是儿童的天性，设计者可将游戏化的思维融入智能家具操作方式的设计中，可缓解或避免由于操作方式的单调乏味而导致的儿童心理沉闷感。设计者可以功能的正常运行为基础，运用联想的方法寻找一种与其相关的趣味性场面或动作，来作为操作方式，如可对旋钮、按键等过于传统的操作形式进行升级。在儿童的使用过程中，既可让其正常操作智能家具，又让儿童觉得像在做游戏一样，以此促进儿童的使用积极性，提升心理满足感。例如在儿童智能书桌的构成中，其台灯可联想到工程车的机械臂，因此，可将台灯的控制按键转换为工程车控制台中的微型操作杆，来对其方向与角度进行操作，让儿童在操作时仿佛感觉在开车一样，增强了参与性与趣味性，在情感上吸引儿童。

（2）智能设备交互界面的游戏化设计

智能设备交互界面的游戏化设计，是指将儿童智能家具智能设备的操作界面进行游戏化的设计，以提升儿童在操作过程中的情感体验。

由于儿童智能家具是由传统家具与智能机械设备2部分构成，部分功能需通过电子屏幕来进行操作，因此，设计师可通过对智能设备的操作界面进行游戏化设计，来提升儿童的心理关怀感。可在操作系统中引入儿童喜爱的游戏的画面、操作步骤等，采用闯关式的设计思想，让儿童感觉更有趣，并配以形象化、立体化的显示效果，以增强儿童对操作界面的亲密性，让儿童充分享受交互界面的趣味性与操作过程中的情感愉悦性。

3.语音化设计法

语音化设计，是指设计师在进行儿童智能家具设计时，可通过智能语音交互技术来提升儿童的情感交互体验。语音化设计法主要体现于儿童智能家具的情感语音提醒与语音交互2方面。

（1）情感语音提醒

情感语音提醒是指儿童智能家具通过语音对儿童进行情感提示，以增强儿童智能家具的情感关怀性。

由于儿童的阅历尚浅，其心理的发展还不够成熟，其自控力较差，因此，儿童在使用智能家具的过程中容易出现很多问题，例如误操作、健康性问题等。设计师可赋予儿童智能家具语音提示的功能，对儿童的误操作或使用方法不当进行情感语音的提醒，其中语音提示可采取柔和语气并带有感情色彩，以增强儿童的关怀感。例如儿童智能床可增加语音提醒功能，可通过幽默化的语言对赖床的儿童进行语音提醒，既可让孩子快速起床，又不会激发心理抵触情绪，反而还会对智能床产生浓厚的情感依赖性。

（2）语音交互设计

语音交互设计是指儿童可通过语音交互的方式来操作儿童智能家具，以增加其情感关怀性与互动性。

儿童智能家具的使用环境一般为儿童的独立房间内，儿童需自己进行操作。如果操作方式过于复杂，会增加儿童心理的无助感，因此设计师可将儿童智能家具的传统操作方式转换为语音操作方式，让儿童利用语言便可轻松操作智能家具，增强了易用关怀性。还可通过语音交互的方式赋予儿童智能家具以生命特征，设计者可在儿童智能家具中装配符合儿童喜好的语言体系，让儿童智能家具可与儿童进行情感交流，以缓解儿童独处房间的孤独感。语音交互不仅增加了智能家具的智能性，还通过增加儿童与智能家具的语言互动，提升儿童在心理上的情感陪伴感。

4.律动化设计法

律动化设计，是指设计者通过一些律动设计，来增强儿童智能家具的律动感，从而使智能家具在儿童的心中更具鲜活感。律动化设计主要针对儿童智能家具的功能与外观2方面。

（1）功能的律动化

儿童智能家具的功能是整个产品的核心，应充分迎合儿童心理的情感需求。设计师可采用动态化的设计思想，将智能家具的功能设计为可随意的动态调节，以此调动儿童的情感。例如利用一些伸缩、折叠的智能化技术来增加其律动性。

（2）外观的律动化

儿童天性好动，对动的物体会充满好奇心。儿童智能家具为静态产品，设计者可通过对其形态、色彩、材质进行律动化设计，以消除智能家具给儿童带来的静态呆板感。

儿童智能家具可采取有动感的形态，为儿童营造一种动感化的氛围，使儿童产生心理愉悦感，例如可以是人或物的动作、姿势等。儿童智能家具主要由天然材质与人造智能材质组合而成，天然材质可通过切割、黏合等方法使其具备特殊动感纹理以增强律动性，人造智能材质可通过调整表面的凹凸、纹理的粗细与疏密来增强肌理的律动感。儿童智能家具可采取具备动感性的色彩搭配，为儿童创造动态的视觉效果，例如可加深不同色彩的深浅对比、调整不同色彩的形状比例等。设计师可通过提升外观的律动性，来迎合儿童追求动感的情感需求。

5.情感仿生设计法

情感仿生设计，是指设计师在儿童智能家具设计中，有目的性地融入自然物体、人为物体与意象物体中的情感元素，并结合智能家具的智能功能特点，使产品更具情感性。

儿童智能家具可通过形态的情感仿生设计去提升其情感交互性。虽然设计者对儿童智能家具的形态进行抽象化设计，但是儿童依然可以辨别出其原型，并且也认为十分生动活泼、有趣，这也是情感仿生设计法提出的依据。儿童喜欢亲近自然，设计师在进行形态设计时，可将大自然中生动、活泼、有趣的形态的轮廓或情感特征进行概括与抽象，使儿童对抽象形态产生心理共鸣，设计者可应用儿童熟知的形态，例如身边的小动物、植物与食物等。

大自然中的材质非常丰富，设计师可通过对儿童智能家具的材质进行情感仿生，以提升儿童的情感交互体验。在进行材质设计时，可分析大自然中各种生物的构成方式，提取儿童喜爱的材料、纹路、肌理，运用到智能家具的材质中去，让儿童在心理上产生亲近感。

世界是丰富多彩的，其色彩构成更是深得儿童的喜爱。首先，设计师可通过提取大自然中生物或人造物中的色彩搭配方式；然后，分析其亮度、饱和度、对比度以及色相的特点，并对其进行抽象与归纳；最后，选出符合儿童喜好的色彩构成，融入智能家具的设计中，为儿童带来情感上的愉悦。

通过对外观的情感仿生，再配备智能家具的独特功能，让智能家具更具情感化，比如可通过智能手段来模拟一些动物的声音、生命体征等。

6.情境主题设计法

情境主题设计，是指设计师通过结合儿童的情感记忆并依靠一些智能功能，对儿童智能家具进行整体的设计，为儿童构建一个特殊的情境与主题，让儿童的情感记忆得到充分表达。

儿童在成长过程中的许多行为方式都会对其心理产生影响，例如读书、观看影视作品、上网以及与周围人的交流等，这些行为会在儿童的大脑内形成许多难以忘却的情感记忆，如英雄主义、科幻主义、童话故事等。设计者可利用这些情感记忆的整体或部分，为儿童营造一个主题式的使用氛围，以增强儿童使用过程中的情感愉悦性。设计师通过提取相关主题的形态、材质、色彩元素，融入外观设计中，来构建一个特定主题的使用环境，让儿童仿佛置身其中，并使儿童内心的情感记忆与情境主题之间产生情感共鸣。

以构建动漫主题为例：

构建动漫主题，是指设计师对儿童喜爱的动漫作品中的卡通形象进行情感元素的提炼，融入儿童智能家具的设计中，使儿童心理产生好感。构建动漫主题主要针对儿童智能家具的形态设计与色彩设计2方面。

（1）形态的动漫化

由于儿童年龄较小，大都偏爱漫画与动画影片，并且对漫画书与动画片中的卡通形象情有独钟。卡通形象是平面化组合，其形态极具趣味性与丰富性。设计师可对卡通形象的轮廓进行提炼，融入智能家具的边线设计，这种提炼可以是整体的，也可以是局部的，其目的是让儿童形成一种情感意象，仿佛生活在动漫世界里一样。构建动漫主题，可使儿童在使用过程中获得轻松、愉快的情感体验，并构建长久的精神依靠。

（2）色彩的动漫化

设计师可将动漫作品中卡通人物与动植物最具代表性的色彩与图案元素运用到儿童智能家具的设计中，让孩子看到产品的第一眼便勾起脑海中的记忆，对其产生好感，从而很乐意去使用。例如可将动漫人物的服饰、装饰品配色与图案的种类、比例、布局、样式延续到智能家具的整体或局部，通过经典、可爱、夸张的色彩搭配方式使儿童与智能家具之间产生熟悉感与亲近感，以提升儿童智能家具的情感交互性。

综上所述，由于儿童用户的生理、心理与行为特征极具特殊性，儿童智能家具设计的各个方面都应考虑情感交互。因此，作者提出以上6种设计方法，希望通过这6种设计方法提升儿童使用智能家具时的情感交互体验。

第六章　数字媒体交互界面设计

第一节　交互界面设计基础

一、交互界面设计概念

交互界面是人机交流的平台，也可以理解为搭建一种语言环境，让人或自然界与计算机等智能设备对话成为可能。所以交互界面设计主要是运用人性化的逻辑思维组织信息系统环境，为使用者创造一个有效且有趣的与智能设备交流的方式。交互界面设计是实现作品交互性的具体手段，也是交互项目设计的核心内容。

一般交互界面设计可分为2个部分，一部分是为信息组织一个清晰的逻辑关系，这部分工作往往是在计算机中完成的，可称为“逻辑界面”设计；而另一部分是设计一套灵活又有趣的物理交流方法，比如人们可以通过肢体的运动来控制视频的播放等，实现这一功能一般需要采用机电技术，可称之为“物理界面”设计。①

很大一部分交互作品是既包含逻辑界面也包含物理界面的项目，比如一些交互装置作品，如跳舞机，舞者用脚去踩地上的控制按钮来发出指令给计算机属于物理界面的设计工作，而中间屏幕显示出的影像内容则是通过逻辑界面完成的，这是典型的由逻辑界面与物理界面共同完成的交互项目。这类作品的一般设计流程是先进行逻辑交互界面创作，完成人机交互功能设计，然后再配合踏板的物理界面，实现物理交互界面设计，最终完成整个交互项目的设计。

当然并不是所有交互艺术作品都由逻辑界面和物理界面共同组成。如拳击游戏，有一种交互产品是运行于电脑或个人移动终端的电子游戏，使用者可以通过键盘、鼠标、触摸屏等实现人机对话，这类交互设计只需要进行逻

①周晓蕊，王建民.交互界面设计[M].上海：同济大学出版社，2021：31.

辑界面的创作，而不需要设计物理界面；还有一种则是一个真人拳击游戏，玩家用肢体语言敲击设备以此向系统发出指令，系统用声光电给予回应，不用电子屏幕，这类作品只需要物理界面的创作即可完成整体交互设计工作。从这2个典型交互作品可以看出，逻辑界面信息丰富多彩，可以为受众带来一个全新的奇妙世界；物理界面则让用户用自己习惯的方式与虚拟世界对话，给用户更好的沉浸感和更丰富的用户体验。

二、交互界面设计原则

交互界面设计种类繁杂，依据不同的设计形式选择最适合的设计方法才能事半功倍。虽然设计形式多样，但我们仍然可以找出一些具有普遍意义的设计原则来约束所有的交互界面设计项目，以保证交互界面设计的独特魅力。

（一）功能结构清晰

功能至上是交互界面设计的基本要求，无论界面多么漂亮，都应是建立在功能完善的基础之上。试想一个提供信息查询的交互作品如果连基本的查询功能都很难使用，那再好的美术设计也是没有意义的。

进行功能设计时特别要注意结构的清晰性，功能结构清楚会给使用者带来应用的便利，反之一个结构混乱、思路不清的界面设计很容易给人带来困扰，从而影响功能的使用效率。

要保证结构清晰必须注意以下2点：①主目录要具有唯一性，所有内容均可以找到唯一的位置；②层级尽量不要超过3层，条目分列明确合理，便于快速进行信息查找。

（二）符合人性化设计规范

在进行交互界面设计时，符合人性化的设计规范一直是交互设计最基本也是最核心的设计原则。依据人因工程学的各项标准，设计符合使用者的生理结构、满足使用者的心理与行为习惯的作品，为使用者带来更方便、更舒适的用户体验。

（三）加强界面的多媒体艺术表现

界面设计要突出多媒体的特性，充分发挥多媒体的优势。围绕设计主题，运用图片、文字、声音、影像甚至动画等各种多媒体元素的有机组合，给作品带来更多元的艺术表现，增加界面的活力，吸引用户的关注。

三、逻辑界面设计

（一）概念及应用领域

逻辑界面设计是交互界面设计的重要组成部分，主要是指那些运行于计算机、手机等终端设备的交互作品的界面设计。逻辑界面设计包括项目的功能规划、信息架构、交互逻辑搭建、视觉美术设计、高保真界面设计等，实现人机在计算机固有平台上的基本对话功能。

交互设计作品的种类繁多，表现形式千差万别，大部分交互设计项目都需要逻辑界面来实现人机交互功能，比如电子游戏、网站设计或各类基于移动终端的App等。这些交互设计项目很多都是在电脑或移动终端上运行的，是纯逻辑界面开发的交互产品，用户主要是运用鼠标、键盘、触摸屏等计算机标准外设实现人机交互。目前市场上那些只用逻辑界面开发出来的作品是市场上交互设计项目的主体，所占市场份额最大，是交互设计中最具商业价值的应用领域之一。

（二）开发工具选择

可用于逻辑界面设计的开发工具有很多，既有高级编程语言，也有基于节点式的可视化编程语言，还有以图形界面为主的高级游戏引擎等。创作者在选择开发工具时，一方面可根据设计师自身的知识储备，选择自己熟悉的平台，便于快速上手；另一方面也要依据软件的不同特点，根据项目的实际情况，择优用之。以下介绍几款较常用的逻辑界面开发工具。

1. 高级编程语言——Processing

作为计算机高级交互编程语言，Processing由MIT（美国麻省理工学院）媒体实验室研发，是一款开源编程语言，专门为新媒体设计师和艺术家进行交互界面创作开发的图形设计语言，目前在新媒体艺术创作领域的应用非常广泛。

Processing与JAVA非常相似，都是面向对象的编程语言，简单易懂，兼容性高，特别适合那些没有什么资深编程背景的交互媒体艺术家和设计师快速搭建自己的逻辑界面。

对于艺术类学生，计算机编程语言一直是交互设计学习的主要难点之一，克服这一学习障碍，是学好交互设计的必经之路。编程语言的学习现有方法也有技巧，选择适合设计师学习的编程语言可以起到事半功倍的效果。Processing就是专门为各类设计人员开发的编程语言，即使没有编程基础的设计师也可以快速、方便地掌握对影像、动画、声音等媒体元素的程序控制。对于艺术类学生，在学习初期可以采用“组装学习法”，就是平时多收集不同功用的源代码，通过认真解读，将其拼贴改造成自己项目的程序代码，这种学习初期的“拿来主义”可以帮助设计师们快速实现设计功能，提升学习的成就感。通过举一反三地训练，快速突破编程瓶颈期，尽情地在新媒体艺术天地里自由翱翔。

2. 节点式的可视化编程——Touch Designer

TouchDesginer是由加拿大Deriviative公司开发的一款商业多媒体特效交互软件，以下简称TD，它可以创建丰富有趣的实时交互艺术项目，可以和大多数交互硬件进行无缝连接，它的实时渲染和信息可视化是生成视觉艺术的重要开发平台，可为用户带来多样的用户体验。

不同于纯代码编程方法，TD的工作方式是节点式的，直观易学的图形界面软件环境，让逻辑界面设计变得简单。在大多数情况下，使用者可以直接调用现成的各类元件模块，不需要自己编写代码，便可以实时地模拟艺术作品。目前TD被广泛应用于交互展示、立体投影、互动装置、VR等多种交互应用领域。

对于从事艺术创作的新媒体艺术家和交互设计师来讲，TD是一个特别容易掌握的计算机可视化控制平台，这个平台具有极高的兼容性，可以将项目所需要的软硬件快速整合起来，比如Kinect、Lcap Mtion、MIDI等不同硬件与逻辑界面实现快捷连通，培养全面的交互艺术创作实践能力。

3. 图形可视化交互引擎——Unity 3D

游戏引擎是电子游戏制作与开发的主要平台，可以开发两维和三维交互游戏，可以实现实时的场景渲染和实时的视觉生成艺术，目前Unity 3D是比较好的交互引擎，图形化的场景设计，国内学习资源丰富，学习成本比较低，普及率高，就目前的作品看，适用人群多，是国内主流的游戏引擎。

运用Unity 3D，不仅可以开发应用于各种平台的交互游戏类互动项目，还可以与各种硬件配合，开发更多有趣的交互作品。与前2类逻辑界面开发平台不同，游戏引擎不仅同样可以通过程序控制有效地进行交互逻辑界面与物理界面的设计，其特有的三维场景制作、角色行为控制和多平台发布等优势更让其成为某些交互项目的主要开发平台。

（三）信息架构设计

信息架构，上到宏观层面可以是一个社会的基本组织结构，下到狭义层面可以是一个网上博物馆App软件的结构布局。以网上博物馆App为例，一个好的信息架构会引导观众迅速了解整个软件的结构，很自然地被引导到最优的观展路线中，可以快速找到想要参观的展品，可以自助地去探索软件的各种功能与服务。所以信息架构可以说是交互设计产品的骨架，是提升产品用户体验满意度的重要因素，是作品成败的关键。

在《用户体验的要素》里，信息架构是在结构层级完成的，在这一层里，项目逐渐由抽象走向具体，设计师需要就项目需求进行深入分析，对有效信息做到科学合理地分类，帮助用户快速找到所需的信息，提升用户的使用体验。另外，一个优秀的信息架构也会对用户的使用习惯进行正向引导与培育。

1.信息架构规划

人类的认知习惯是有序的，科学的分类可以让纷繁的信息变得清晰，也更符合人类认知习惯，交互产品的信息架构就是要给项目进行一个分类，便于使用者更好地使用。

信息结构的基本分类一般可分为层级结构（树形结构）、线性结构、自然结构和矩阵结构。

2.结构化分类方法

在交互设计中，经常采用卡片分类法来对信息架构进行整理与设计，设计师可以找一些对系统不熟悉的外来人员对信息进行排序等操作，其方法是把一些信息类别写在空白的卡片上，然后根据他们对整个系统的理解对其进行归类、排序，为系统寻找一个最科学、合理的信息架构分类方案。

根据项目的实际情况，卡片分类法又可分为“由下而上”法和“由上而下”法。“由下而上”法，是先由最底层分类开始，把功能分别写在不同的卡片上，然后由使用者或设计师来归类。“由上而下”法则是反过来，先分出几大类，然后依次将内容往里填充。这2种方法在实际操作时可以交叉使用。

3.信息架构设计依据

在设计信息架构时，设计师需要分别站在用户立场和产品立场2方面进行周密的考虑，这样才能设计出一个既符合用户使用习惯又有自己独特产品理念的优秀作品。

（1）站在用户立场

信息分类应该符合用户一般的思维和使用习惯，尽可能地从使用者的角度去感受，保证用户即使不看产品说明也能迅速了解产品的架构，快速掌握使用方法。例如，现在大部分App产品中，用户个人信息都独占一个主菜单栏位，这符合用户的一般使用习惯，用户不需要花多余时间了解产品信息架构就可以找到个人信息的相关页面；如果非要采用其他分类方式将其放置到二级菜单栏，就有悖于用户的常规使用习惯，会对产品的使用造成不必要的阻碍。

（2）站在产品立场

产品经理在考虑用户体验的同时，也应该要明确产品的主要功能和核心价值，并依据这些对信息架构进行适当的取舍，大而全的信息架构方式在任何层级的交互作品设计中都是要尽可能避免的。比如，在设计一个社区独居老人安全管理系统时，产品的核心价值是社会对独居老人提供基础安全保障，所以在规划产品功能时，与每日签到、外出设置和紧急呼叫这些核心功能相比，语音对讲、收音机等辅助功能虽然可以提升产品的用户体验，但不是该产品的核心价值，“简单易用，基础安全，保障隐私，提升管理效率”才是这个产品的核心价值。所以在功能取舍的时候，那些非核心价值的、复杂又容易损坏的功能就应该坚决舍弃。在市场上有很多这样的经典案例，比如微信朋友圈这个大热的功能为啥没放在一级菜单里，微信主创人员给出了很好的解释：“微信这个产品能保持主干的清晰，枝干适度，微信要一直保持4个底部菜单，不能轻易变动，辅助功能可以随时增减，丰富主线，而不影响主线。”

4.信息架构设计的注意事项

根据项目的设计目标来为每个项目制定专属的信息架构时要遵循一些基本的原则，避免犯明显错误。

（1）有一定的扩展性

信息架构的基本原则是主干尽可能精练，包容性强大，覆盖完整，避免设置一些有可能会添加或去掉的功能。而在次级页面，则需要有很好的扩展性，便于日后添加新功能，这些在创作初期就应该有一定的预见性，以防需要添加时无所适从。

（2）标签保持统一，避免语义重叠

语义重叠是在信息架构设计时比较容易犯的错误，设计标签时，需要反复让使用者帮你评估，不能让标签之间存在语义的交叉重叠；要对每一个标签用词进行反复推敲，严格避免出现语义模糊；选择用户能理解的词语，不要用专业术语或缩写，否则会给使用者造成认知障碍；标签用词的字数尽可能保持一致，比如某一主标签是两个字的词，那么这一层级的所有标签最好都是两个字的词，这会让界面更整齐、统一。

（3）层级设置要均衡

在运用卡片分类法进行信息架构设计时，层级是否均衡一目了然。一般的设计原则是层级尽可能浅而宽，但是层级减少了，每一层的目录就会相应增加，所以也不能僵化地用这一个标准进行衡量，还要根据使用频率和内容重要与否来综合考量。

（四）视觉美术设计

在用户体验的五步法中，表现层是最具体的一层，也是离用户最近的一层。因为页面的视觉美术设计对项目用户的使用体验会带来较大的影响，所以在进行交互逻辑界面设计时，要符合视觉美术的一般标准。

交互逻辑界面的表现层和平面设计相似，也包括风格设计、配色方案、图标设计以及文字设计和版式设计等，但因其主要应用于电子媒介，其传播的方式与传统的纸质媒体有很大不同，所以在具体设计时也有很多特殊的要求。

1.风格设计

近年来，“重功能轻表现”已成为交互界面设计的潮流所向，如一些商业App，轻视觉的扁平化设计风潮已成为当前的设计主流。而传统的拟物化设计风格目前主要用于一些交互艺术装置界面设计，希望通过视觉的先入为主，为用户带来身临其境的感官体验。

2.配色方案

色彩是用户体验中情感传达的重要方法，一般UI界面的色彩搭配主要由主色、标准色和点睛色3部分组成，主色一般是作品的主色调，但不会大面积使用，主要使用在标题栏、导航栏、版权栏等比较醒目的位置；标准色会大量使用，主要是各种文本内文、分栏等大量使用的色彩；点睛色的使用就如其名一样，要起到画龙点睛的作用，应用在比较重要的、需要特别提醒的位置。

交互界面的色彩搭配也是从色彩的纯度、明度、色相3方面进行考虑，交互页面会指定标准的色彩纯度，然后再根据作品的情感元素进行配色设计，对比色、相近色都是不错的配色方案。

（1）同色系配色法

选择同一色相的深浅不同的颜色作为主色，比如iOS系统的天气App就是用了这种配色方法，这种方法会让页面更加统一。

（2）相近色配色法

这种设计采用得最多，相近色让画面看着自然柔和，如京东App，所有页面都以红色和橙色为主色调。

（3）点睛色配色法

主色和标准色都用一些白灰黑等比较中性的色彩，加配1~2个点睛色来点缀画面，现在很多信息量大的平台都采用这种方式，既可以让页面更冷静减少视觉的干扰，又可以突出重点，如淘票票的作品评分星级和购票按钮都采用了点睛色，吸引使用者的注意力。

（4）取色法

当然，色彩设计还有很多其他方法，如范例取色法，就是根据项目的关键词，如“未来、神秘、科幻”等，寻找到一张和这个主题相关的图片，然后直接在画面里提取一些典型色标用于自己作品的页面配色，也是一种很实用的色彩设计方法。

3.文字设计

交互界面的文字设计一般也可遵循平面设计的基本原则来选择字体、文字尺寸和排版方式。比如对于交互界面的文字大小，可根据媒介的不同平台进行相应的调整，保持一致性的同时也要做好统一规范，如一级标题、二级标题、内文的字号依次递减等。目前，无论Android系统还是iOS系统，系统字体一般都选用黑体，比如苹果iOS系统的“华文细黑”是苹果所有产品的系统默认字体。

4.图标设计

在交互逻辑界面设计里同样会用到一些图形设计元素，如App的Logo或界面内的一些图标设计，是交互界面设计的主要设计图形元素。一般App的Logo图标都是方形或圆形的，由底色和有寓意的图形共同组成。下面以App的Logo图标为例，分析一下设计方法和注意事项。

形态方面：以iOS系统为例，图标基本是圆角方形，近年也有些主题使用了圆形图标，相比稳重的方形，圆形显得活泼。

色彩方面：底色多以纯色为主，也偶有单色渐变。选色上主要还是根据产品的主题来决定的，有统计数据显示，目前App的Logo大多为红和蓝两色。从设计心理学来讲，红色有兴旺的寓意，适合一些商业品牌，如京东、拼多多等；而蓝色象征冷静、秩序，更适合金融、科技等，如支付宝、铁路12306、个人所得税等。当然对于图标设计，色彩的指向性并不那么绝对，根据产品的文化属性，现在选择绿色、黄色、粉色的也越来越多。

图案设计：主要以表意为主，简单、明了是最好的设计。以中英文字母或文字为主体进行设计的支付宝的“支”、央视体育5台的“5”就是较成功的范例。也可以根据产品的功能或特征图形、吉祥物等进行设计，如百度地图、大众点评、抖音、微信和爱奇艺等，都是运用语义设计的经典范例。

5.版式设计

交互产品的版式设计除了同样应遵循一般页面排版原则，如比例分配、对称与均衡、重复与对比、留白与节奏外，还应根据交互界面显示终端的各自特点，有针对性地加以修正。下面仅就移动终端的交互界面排版给出一些基本指导。

第一，信息排列要对齐。对齐是页面排列的最基本要求，横平竖直，让页面更整洁规范。

第二，多种重复排列方式可供选择。比如分栏成两栏、三栏布局，或2×2、3×3的九宫格布局都是很经典的排版方式。

第三，信息规划时要注意对比和群组。通过对比突出重点，通过群组让信息分类更加明确。比如将需要重点推介的信息有意地放大，或让色彩提亮等，都可以突出信息的重点。

第四，善用卡片式的排版方式。卡片式排版是现在非常流行的排版方式，把每一条信息都放在一个卡片上，可以让信息更完整独立，极大地减少用户认知的混乱。

第五，利用左右滑动和上下推拉对页面进行有效扩展。移动终端相比电脑终端最大的弱势就是页面显示有效范围的限制，当有些信息我们很难用翻页的方式进行展示时，就可以采用这种局部推拉的方式，比如主菜单或热点推荐处，可以左右推拉，延展页面的宽度；而页面纵向列表的方式，可以让页面上下推拉，拓展页面的长度。

第六，合理运用留白，让方寸之间也有大世界。页面的白色区域，也就是经常所说的负空间，指页面元素之间的区域，要有一定的预留空间，12像素就能给可读性带来很多差异。说到国内的交互逻辑页面留白，就不得不说微信，微信是在这方面做得很好的一个产品，它的一级主菜单始终只保持4个。首页进去就是一个最新消息列表没有其他功能，所有功能都隐藏于子菜单里，4个二级界面也都统一采用了小图标加文字的纵向列表形式，页面宽松、整洁，便于使用，一点儿没有其他App拥挤、混乱的视觉感受。在二级子页面里，这种大面积留白更为凸显，图标尽可能压缩，把用户的关注点放在非常清晰的文字标题上，让信息查找更容易，同时也保证了整个产品统一的风格和传达的情感体验。

（五）信息可视化设计

传播的过程是把信息源通过媒介传播给受众，其中媒介就是信息的表达方式。最初是文字、数字等形式，随着数字信息化技术的发展，已逐渐向更形象直观的图片、图表、影像甚至交互媒体等形式转化，这就是信息可视化。

信息可视化设计属于交互设计流程的表现层设计范畴，在逻辑界面里，可视化后的信息让作品传播更直观、更清晰、更有趣，可以极大提升交互作品的用户体验。

交互逻辑界面的信息可视化设计与传统纸媒的数据可视化方法基本相似，都是把枯燥的信息转化为更人性化的影像呈现出来，不同之处是传播平台，前者是屏幕，后者是纸媒。屏幕没有页数的限制，可以进行更深层的全方位可视化呈现，屏幕也可以整合图片、影音甚至动画等“富媒体”，让可视化更丰富多彩，而独有的、生动有趣的交互手段也能带给用户很强的沉浸感，让用户更容易获得有效的信息。当然，也因为平台不同，在交互界面的可视化设计中，也要注意以下2方面的问题。

1.选择适合的表现形式

信息可视化的表现形式主要有几种，如最常用的图表形式，图表又分为用于表现事物组成的饼状图，用于表现过程的折线图，以及用于进行比较的柱状图等。除了图表，还有一些加入了更加感性和直观的叙事插图的数据表达方式，也是交互界面经常选择的信息可视化方法。

2.注意页面尺寸限制

大部分交互界面信息展示的平台是屏幕。屏幕的优点是可以无限多地显示信息，但同时屏幕尺寸也是一种局限，特别对于移动终端的手机小屏来讲，屏幕的物理尺寸对于可视化信息的呈现有很大的限制。例如很多人喜欢用的饼状图，当某些区域过于密集时，会严重影响信息的可读性。一些柱状图和折线图也要注意页面尺寸的限制，如采用了曲线图的“微信指数”小程序在进行信息展示时，对照组的元素被限定在4个以内，也就是说一个对比图里最多只能显示4条曲线；同样“百度指数”的网页版规定同一对照组里不能多于5个元素，移动端更是不能超过3条曲线。

（六）原型设计

对于交互设计的逻辑界面来讲，原型设计可分为2个阶段，即在框架层完成的低保真原型界面设计和在表现层完成的高保真可视化界面设计。

在低保真原型界面设计中，梳理产品的功能结构和信息架构，确定每个页面的信息内容、页面基本布局，完成所有页面的交互功能设计。最后要对作品进行整体功能测试，完成设计目标的检验。

在低保真原型界面设计的基础上细化界面的精细化结构设计并完成所有美术设计工作，高保真原型是作品呈现给用户的最终样子。

五、物理界面设计

（一）概念与应用领域

交互物理界面用计算机控制声光机电取代逻辑平台的鼠标、键盘、触摸屏等人机交互方式，建立一种全新的人机对话语言。比如在逻辑界面设计中，可以用鼠标控制虚拟视频中灯光的开关，而如果将这个交互界面改由物理方法实现的话，就可以用一个真实的电灯开关取代鼠标按钮去控制虚拟场景的电灯开关了，与前者相比，添加了物理界面设计的交互艺术作品会给观众带来更身临其境的感官体验。

电子书是最早出现的交互艺术作品之一，也是较早使用物理界面构建人机交互环境的商业应用。从早期在个人终端上运用鼠标或触摸屏实现虚拟翻页功能，发展到在公共空间，参观者运用手势就可以实现电子书装置的翻页阅读。近几年，这些交互装置式的电子书被大量用于公共空间的信息传播，在博物馆、科技馆和商场等公共空间都可见到它们的身影。使用手机等个人终端阅读电子书和在公共交互装置上翻阅是2种完全不同的体验。前者适合个人用户，简单实用，后者则适合于开放的公共展示空间。前者主要使用逻辑界面完成设计工作，后者又添加了物理界面，让作品更适合于公共开放空间的传播。

（二）物理界面设计流程

交互物理界面所用的技术种类繁多，在创作时很难完全照搬统一的模板，但抛开现象看本质，所有交互物理界面设计的本质都是信息的采集与传输。所以交互物理界面开发的根本就是解决信息传递途径与传递方法的问题。

一般来讲，物理界面信息传递的流程主要分3步：①采集真实世界信息并将其转换成数字信号；②处理数字信号并传递给计算机；③计算机接口接收信息，传给逻辑界面，控制虚拟世界。

在物理界面的设计中，基本是遵循这个信息传递流程，完成真实世界对虚拟世界的控制。同时这个流程也是可逆的，由逻辑界面发出信息指令，传递到计算机接口，对信息进行分析处理后再传递给外界机电设备，如转动马达等，实现虚拟世界对真实世界的有效控制。

（三）信息类别与采集方法

交互物理界面设计也可以说是解决真实世界与虚拟世界语言交流的问题，对真实世界的信息进行采集、处理及传递是物理界面设计的根本。

真实世界与虚拟世界语言交流的问题也就是“人机交互”的问题，这里所指的“人”是一个广义的概念，不单指狭义的人类，也可以是一只动物或者一株植物，甚至还可以指代自然环境，如光照、气温、湿度或风向等。这些自然界的动植物和各种环境指数共同组成了人机交互概念中广义的“人”。

由于信息采集的对象及采集方法的不同，信息采集的难度与成本也相差甚远。有一些采集成本很高，可能会提高制作成本，而有些选用不成熟的新技术，又可能会降低作品的稳定性。所以在实际的设计中，如何在兼顾作品需求的情况下选择适当的信息类别进行采集就成了首先要解决的问题。根据上面提到的广义的“人”（泛指人、动物、植物、环境这4大类对象），逐一分析每类信息采集的特征与方法，便于在具体项目设计中择优选择。

1.人

对于人类而言，经常被采集的信息有肢体动作、语言声音和生理指标等。走路、跳跃、挥手、骑行、奔跑这些肢体语言，说话、尖叫或拍打物体发出的音响，以及体温、心率、体液等人体生理指标都可以通过各种简单的传感器、摄像头等电子元件进行信息采集，目前，这些类别信息的采集方法简单、技术成熟。甚至目光、意念这些信息也可以通过眼动仪和脑电波监测仪等较高级的设备进行实时采集，只是与前面普通的信息采集相比，脑电波采集的稳定性和准确率还有待提高，采集成本却有待降低。当然除去这些不利因素，上面提到的大部分类别信息的采集都具有可行性，并已在各类交互设计作品中被广泛使用。

2.动物

对于动物来讲，信息采集和人类比较相似，主要也是包括各种运动行为、声音采集等。通过传感器可以采集一头牛的生活行为，如吃草、甩头、行走等。对动物进行信息采集可以用于创作以自然为主题的交互艺术作品。

3.植物

植物信息采集的种类要比动物少，主要可以采集的信息是植物本体的生化指标，如酸碱度、甜度等；另外，生长环境的湿度、温度等指标也可作为采集目标。这些数据可以用于植物主题的交互艺术作品创作中。比如采集真实植物土壤的含水量，来控制逻辑界面里虚拟植物的生长，或者根据这些参数的变化，可以将现实中植物生长状态通过虚拟形象用人类语言和行为重新表现出来，赋予作品深层的思想表达，带给观众更深刻的思考。

4.环境

自然气象的信息采集类别比较多样，就目前的技术水平来看，这些采集也相对简单，温度、湿度、光照、风向、风力甚至检测污染指数的传感器都很容易购买并且价格较低廉。各种大自然数据一直是交互艺术设计的重要触发器，用虚拟影像实时地展现自然界的气象变化，既生动有趣又可以有很好的沉浸感。

当然以上还不是交互设计可以采集的全部信息类别，还有很多类别的信息也会在一些项目中被用到。信息采集方式不同，会直接影响作品的表现形式，一个有趣的信息采集方式绝对可以激发艺术家的创作灵感。

（四）信息处理与传输方法

通过传感器采集到的信息，数字化后可以传递给计算机接口，并最终实现物理界面与逻辑界面的通信。数据传递过程看似简单，其实操作起来并不容易，因为计算机大多无法直接接收传感器发送的信息。要想顺利地实现两者间数据的传递，大多还需要借助中间组件来完成传感器与计算机的数据通信。

借助中间组件实现数据传输不仅是交互物理界面设计的难点，也是重点。在此笔者将着重介绍以下2种方法来解决这一问题。

1.计算机外设法

键盘、鼠标、麦克风等是计算机最标准、最常用的外部设备，可以直接将外部信息输入给计算机。计算机外设法便是利用了这一便利，直接借用键盘或鼠标等作为传感器与计算机间的信息传输桥梁，将数字开关类传感器与简单改造的键盘、鼠标相连接，再通过键盘、鼠标接口直接将信号传给计算机。计算机外设法简单明了，适合于初学者学习使用。

除了鼠标或键盘，其他可供选择的计算机外设还有摄像头、麦克风、游戏手柄等可直接与计算机相连接的所有计算机输入设备。与鼠标、键盘不同，它们集合了数据采集、信息处理与传输功能，不再需要独立的信息采集传感器。

2.单片机法

鼠标和键盘的外设法简单易用，但也有一个巨大的局限性，就是只能接收数字信号，对模拟信号爱莫能助。一些交互设计先行者为了解决这一问题，为艺术家们专门开发了用于交互媒体设计的单片机模组。这种集成了微处理器的单片机模组，一边可以与计算机直接连接，一边也可以接收各类传感器信号；同时也能控制连接在模组上的电机等物理元件的工作状态，实现物理界面与逻辑界面信息的无障碍沟通。

这种专门为艺术家们开发的单片机模组接口完整，可直接连接使用。艺术家们不需要了解更深入的微电子专业知识就可以快速搭建自己交互作品的物理界面。目前，此类模组种类繁多，各种配套模块齐全，价格低廉，使用方便。无论是交互设计大师还是初学者，都可以通过简单地学习就可以掌握创作方法，完成自己的设计作品。

（五）物理界面交互设计原则

交互物理界面创作的主要任务是为用户创造一个全新的感官体验，打破以往单一的人机交互模式，收集外界的各种信息指令传递给交互逻辑界面，为交互艺术作品建立一个全新的人机对话机制。物理界面设计最主要的工作就是创建可以实现人机对话的机电界面，对于初学者而言，物理界面设计与逻辑界面设计最大的不同就是方案选择没有定式。逻辑界面主要是通过交互软件实现虚拟元素的逻辑组合，内容不同，但基本的展示方式不变，都是通过屏幕来展现内容。而物理界面则是通过各种完全不同的物理装置来实现交互功能，因为装置设计千差万别，以致作品的设计形态也多种多样。虽然作品的设计形态没有定式，但在创作实践中，我们还是总结了一些共性的设计原则来指导物理界面的创作实践。

1.具有趣味性

进行物理界面的信息采集设计时，可以选择多种装置方案，这些装置可以是手动轮盘、拉力器，或其他信号发生器。

在创作实践中我们发现，所有展会中，那些具有游戏趣味性的交互作品一定是展览中最受欢迎的作品之一。

2. 符合使用情境

一个符合设计主题情境的物理界面设计方案，可以让用户在作品的语境里迅速地自学到作品的交互方式，实现人机自然流畅的对话，而不是必须通过阅读复杂的使用说明书来实现。我们也发现这种符合作品情境的交互设计也更容易让用户沉浸在作品里，达到作品设计目标。

3. 生动形象的外观

交互设计是综合艺术形式，一个优秀的设计作品不但技术上要有所创新，而且在装置外观设计上也要新颖美观，充满设计感。装置的外观设计也是物理界面设计的一部分，一个符合作品主题的装置外观设计，会与整个作品相辅相成、相得益彰，给观众带来更强烈的沉浸感。

第二节　网页端交互界面设计

一、网页端界面结构

（一）网页构成元素

不论是网络新手还是经常上网的高手，进行网页制作之前，都必须先认识（或重新认识）一下网页的基本构成元素。只有了解了网页的基本构成，才能在实践中得心应手，并且能够根据需要来合理地安排和组织页面的内容，最终达到预期的效果。

网页设计的主要目的是传递信息，文字和图像作为信息的主要载体构成了网页的基本组成部分。网页的核心是超链接，简称链接。链接是将网页和网页连接在一起，通过连接无数的网页达到信息分类的功能，如果没有了链接，就不是一个完整的网页了。除了文字、图像和超链接，还有表格、动画、音乐和交互式表单等对网页信息的组织和表现也有重要的作用，交互元素在网页中也有举足轻重的地位。一般来说，一个网页会包含多种元素（当然不可能是全部）。下面将详细介绍网页中包含的元素及其在网页中的作用。

1. 文本

文字与图像相比虽然不像图像那样简洁明了，不易于吸引浏览者注意，但却能准确地表达信息的内容和含义。网页内容是一个网站的灵魂，文本作为网页内容的主要表现形式是网页中基本且必不可少的元素。要想制作一个内容充实的网站必然会使用到文字。良好的文本格式可以创建出独特的网页，激发读者的阅读兴趣。为了克服与图像相比文字固有的缺点，人们可以通过改变文字的表现形式来达到不同的视觉效果，如改变文字的大小、字体以及颜色等来突出显示重要的内容，使得页面更加主次分明。此外，在网页中设置各种各样的文字列表来表达一系列项目也可以为网页中的文本增加特色，使文本具有新的生命力。[①]

2.图像和动画

图像在网页中具有提供信息、展示作品、装饰网页、表达个人情调和风格的作用。用户可以在网页中使用GIF、JPEG（JPG）、PNG3种图像文件格式，其中使用最广泛的是GIF和JPEG 2种格式。

虽然图像在网页中有着非常重要的作用，但如果在网页中使用过多的图片，不仅会影响网页整体的视觉效果，而且还会减缓网页加载的速度，影响用户的浏览体验。

目前有许多成熟网站的广告都做成了动画形式，将枯燥无聊的广告变得生动起来，有效地吸引了浏览者的注意力，将静态图片变为动态效果的改进是一种较优方案。

3.声音和视频

声音是多媒体网页的一个重要组成部分。声音有不同类型的文件和格式，当然也有一些不同的方法将这些声音添加到网页当中。在网页中添加声音之前，需要考虑其用途、格式、文件大小、声音品质和浏览器差别等。不同浏览器对于不同的声音文件的处理方式是不同的，为了避免兼容性问题就需要提前考虑这些因素。

声音文件的格式非常多，网页中常用的有MIDI、WAV、MP3和AIF等。设计者在使用这些格式的文件时，需要加以区别。很多浏览器不用插件也可以支持MIDI、WAV和AIF格式的文件，而MP3和RM格式的声音文件则需要特定的播放器或插件播放。

一般来说，不要使用声音文件作为背景音乐，那样会影响网页加载的速

①李娟莉.高等学校设计类专业教材 现代人机交互界面设计[M].北京：机械工业出版社，2022：65.

度。可以在网页中添加一个打开声音文件的链接，让播放音乐变得可以控制。

视频文件的格式也非常多，常见的有MPEG、AVI和FLV等。视频文件的采用不仅让网页变得非常精彩而且有动感。网络上的许多插件也让向网页中插入视频文件的操作变得非常简单。

4.超链接

超链接是互联网盛行起来的最主要的原因。它能够实现从一个网页跳转到链接目的端的网页位置上。例如，指向另一个网页或者相同网页上的不同位置。这个目的端通常是另一个网页，也可以是一幅图片、一个电子邮件地址、一个文件（如多媒体文件、文档或任意文件）、一个程序或者是本网页中的其他位置。其载体通常是文本、图片或图片中的区域，也可以是一些不可见的程序脚本。

当浏览者单击超链接时，计算机会根据链接目的端的类型以不同方式打开。例如，当指向一个AVI文件的超链接被单击后，该文件将在媒体播放软件中打开；如果单击的是指向一个网页的超链接，则该网页将显示在网页浏览器上。

网页超链接的作用是在点击一处标题时，能够链接到另一个相关网页上，这样便将多个页面链接起来，为使用者节约了时间，同时增加了网页页面的多样性。将图形设计成超链接形式，能够使网页链接变得样式丰富，可以使网页更为美观。若能利用标志性符号，便可以减弱语言的障碍。图形按钮具有直观、形象的特点，可以为单调的文字信息增添活力，可以更加明确地表现它所要进行的操作。

5.表格

在网页中表格用来控制信息的布局方式。这主要包括2个方面：一是使用行和列的形式来布局文本和图像以及其他的列表化数据；二是可以使用表格来精确控制各种网页元素在网页中出现的位置。在标准网页设计中，表格更多用在数据的表格化显示。

6.表单

通过超链接，浏览者和服务器站点便建立起了一种简单的交互关系。而表单的出现使浏览者与站点的交互上升到了一个新的高度。网页中的表单通常用来接收浏览者在客户端的输入，然后将这些信息发回到客户端。这些信息既可以是文本文件、网页、电子邮件，也可以是服务器端的应用程序。表单的用途如下：①收集联系信息。②接收用户要求。③收集订单、出货和收费细则。④获得反馈意见。⑤设置来宾签名簿。⑥让浏览者输入关键字，在站点中搜索相关的网页。⑦让浏览者注册为会员并以会员身份登录站点。⑧表单由不同功能的表单对象组成，最简单的表单也要包含一个输入文本框和一个提交按钮。站点浏览者填写表单的方式通常是输入文本、选中单选按钮与复选框，以及从下拉列表框中选择选项等。⑨根据表单功能与处理方式的不同，通常可以将表单分为用户反馈表单、留言簿表单、搜索表单和用户注册表单等类型。

7.导航栏

导航栏是用户在规划好站点结构、开始设计主页时必须考虑的一项内容。导航栏的作用就是要让浏览者在浏览站点时，不会因为迷路而中止对站点的访问。事实上，导航栏就是一组超链接，这组超链接的目标就是本站点的主页以及其他重要网页。

一般情况下，导航栏应放在网页中较引人注目的位置，通常是在网页的顶部或一侧。导航栏既可以是文本链接，也可以是一些图像按钮。

8.特殊效果

网页中除了以上几种最基本的元素之外，还有一些其他常用元素，包括悬停按钮及JavaScript、ActiveX等各种特效。它们不仅能点缀网页，使网页更活泼有趣，而且在网上娱乐、电子商务等方面也有着不可忽视的作用。

（二）网站页面视觉层次

视觉层次是指在二维平面上利用颜色的变化、符号的大小、线条的粗细对视觉的刺激而产生远近不同层面的视觉效果。

1.针对目标来构建

不同类别的网页针对不同的浏览者。以服装类网页为例，服装分为男士、女士和儿童服饰，针对不同群体，就可以设计不同类型的网站页面。利用目标不同来区分网页的版块和设计风格，以此可以产生一种具有针对性的视觉层次。

2. 针对功能来构建

层次感看起来是更偏向设计美学的概念，但实际上它的功能性也很重要。设计者需要明确网页的主题是什么，这个主题包括所宣传的内容、标志以及页面所面向的群体。单纯拥有视觉层次不足以构建高效的视觉体验，结构化不明显的界面自然也就无法带来足够好的用户体验。所以，在网页设计时，视觉层次的构建应该基于功能，在确保了功能的前提下，视觉层次才能最大化地发挥它的作用。

以目前常用的360浏览器为例，360网页在设计过程中主要考虑了功能的作用，比如搜索栏的设置，该网站主要为了用户便于搜索，起到搜索功能的作用，因此要将搜索栏置于页面当中的主要位置，一方面满足用户的使用习惯，另一方面突出它的功能性；如果将搜索栏放在网页末端，就会模糊了网页的功能，将其他页面放在搜索栏之上，会干扰用户的使用心理。360浏览器在功能区分上做得还是比较成熟的，页面的分类主次分明，为用户节约了很多时间。

3. 针对版式来构建

首先可以利用合理的留白来进行设计。所谓留白，不是说大面积的空白就会使视觉变得简洁，适当的留白会起到点缀作用，过度的留白则会适得其反。留白不单纯只是元素和元素之间的空白，它是用来构建布局的视觉元素。留白的重要性在于可以使留白包围的部分被用户清晰地注意到，通过控制留白区域的大小能够让不同元素之间的主次关系体现出来，合理的大量的留白还能够让关键性的、需要强调的特定元素醒目地呈现在浏览者眼前。总而言之，合理地处理留白部分，自然也能在其中体现出视觉层次感。

还有一点是合理利用黄金比例。黄金比例被发现已经超过4000年了，无数精美的艺术品和建筑物基于黄金比例进行设计，由此黄金比例成了很多著名艺术家的关键工具。设计的目的是使得产品协调美观并且布局合理。将黄金比例合理地运用在设计当中，控制元素和元素之间的大小、数量和比例可以获得意想不到的美感。在网页设计中，黄金比例最常见的用法是用来控制布局，利用黄金比例来对整个网页界面进行排版；在图片的裁剪和处理上，同样可以借助黄金比例来控制图片的长宽比例以保证视觉上的舒适性。

黄金比例是1∶1.618，它构成了一个完美的不对称的比例。

4.针对字体使用来构建

字体和排版的设计对视觉层次结构的控制也起到了关键作用。不同的字体组合以及不同大小形状的字体搭配可以直接影响网页的视觉层次。标题和内容文本所使用的字体应该有比较明显的对比，以此来区分主次内容，一般是通过字体形状、颜色和大小来区分的。对于一般的网页而言，同一页面中的字体数量最好控制在3种以内，太多的字体容易导致网页页面的凌乱，会增加浏览者的视觉负担。

二、网页界面设计原则

（一）对比突出

设计者在设计网站界面时需要考虑如何在最短时间内勾起浏览者的兴趣。所以在设计网页界面时需要将网页上的重要内容，通过色彩、文字和图片等方式进行突出表现，同时将其他可能会分散浏览者注意力的元素尽可能地减少。

对网站界面中的元素进行分类是至关重要的，因此，根据重要性不同对不同元素进行设计，在网页设计中非常重要。根据信息的重要程度归类分析：

1.引导用户关注主要信息

主要信息是指网页页面重点表达的内容，如标题，需要使用更大或者突出字体的方式进行显示，并且将主要信息放置于页面的焦点区域，这样可以直接捕捉到浏览者的眼球。

2.避免次要信息喧宾夺主

次要信息是对网页当中主要信息的补充阐述，如副标题、字幕等。次要信息可通过多种方式展现出来，如色彩、对比、尺寸、阴影和位置等。

3.不要突出表现第三信息

第三信息是指用户在浏览网页过程中能够迅速浏览的信息，如网页当中的正文。这部分内容是与主要信息相关的，同时需要保证其可阅读性，过分强调第三信息会使得整个网页内容喧宾夺主。

（二）条理清晰

一个好的网站设计应将重点信息突出显示，保证页面整体的层次感与条理。由于人类大脑的精力有限，与计算机相比相差甚远，且如今互联网社会信息过量，导致现代用户并不倾向于大量的文字阅读和仔细阅读，这2个现象就导致了当今用户更加倾向于浏览而不是阅读。通过捕捉用户使用习惯的变化信号，就要求设计者应尽可能使网站界面可以被迅速浏览，以减少用户的阅读负担和记忆负担。

同时，条理清晰的文本可以提高浏览者阅读的效率。这一设计准则在提高用户体验方面有着重要的作用，能够使用户在较短时间内从网页中获取其需要的信息。

（三）整齐平衡

当整个页面有了平衡感，用户浏览这个页面的时候就会感觉页面上的内容是一个整体，在浏览信息时目光跳转也就会更加自然。设计师需注意，网页界面在达到整体感的同时，构成整个页面的每个元素仍然是独立的。优秀的网站应做到，即使不刻意用统一的颜色和线条将界面元素直接关联起来，整个页面依旧可以给用户一种平衡感。

1. 平衡对称

平衡对称是常见的一种平衡手段。这种方式通常用来设计比较正式的页面，但如果使用不好会显得单调老套，整个页面不具有活力，因此通常与其他方式结合使用。

2. 非平衡对称

非平衡对称，即非对称。这种方式并不是说真正的页面不对称，而是一种更高层次的“对称”，在设计中如果处理不好这种非对称整个页面就会显得杂乱无章，因此使用起来要特别注意，不可过多使用。

3. 辐射平衡

辐射平衡是指在页面中以某一点为中心来展开，这样的页面设计称为辐射平衡。

（四）简洁一致

KISS（Keep it simple and stupid）原则作为网页界面设计的基本原则之一，可以降低新用户在使用网页时的陌生感，从而使不同用户快速适应并了解如何使用。由于网站的用户在使用习惯与个人能力上存在差异，在网页设计中就需要考虑到这种差异性与不确定性所带来的问题，而简洁的设计是设计者在面对多种用户群体时的最优方案。一个好的设计所具备的特质是，用户在使用时能够最大限度地保留其原有的使用习惯与经验。网页的简化设计就可以通过使用简洁的内容来达到这一效果。

网页界面的一致性在给用户带来良好印象的同时，还可以引导用户高效、迅速地找到其所需要的信息。网页界面的一致性对提升用户体验，高效传递页面信息等方面都有促进作用。如果网页界面缺乏一致性，用户在浏览网页的过程中容易被误导，从而破坏用户体验。但一致性原则并不意味着需要应用在网页的所有位置，有时刻意违背一致性原则的设计同样可以提升用户体验，给用户带来一些意料之外并且使人耳目一新的设计。

三、网页界面设计分析

（一）网页文字

1. 了解网页文字

文字是传达信息的重要手段，在字体、字号等方面如果随意使用，忽略与页面主题的关系，就有可能带来巨大的负面效应。网页文字有以下3种主要表现形式。

（1）标志

网页的标志设计具有很强的视觉效果、互动性，它是区别于报刊、书籍等标志的一种表现形式。它既拥有传统标志的特征，同时又使得传播变得更为直接、更加生动。

（2）标题

网页标题作为整个页面的提示栏，首先要明显易识别，在网页中使阅读者可以明确地找到并利用标题快速识别信息。

（3）信息

网页信息是必不可少的页面设计元素之一，能够很好地传递信息，信息的特点就是简洁明了地表达整个页面所要表达的主题。

2. 字形对网页页面的影响

网页设计中的字体具有2个方面的作用：一是字意和语义的功能；二是美学效应。不同的字体传达的印象是不同的，因为浏览器是用本地计算机上的字库显示页面内容，从平台无关性的角度考虑，正文内容最好选用默认字体。常用的基本字体有以下几种。

（1）宋体

阅读最省目力；很好的识别性和易读性；适于做标题和正文。

（2）仿宋体

轻快、易读，适用于文本段落；力度感差，不宜用作标题。

（3）楷体

可读性和识别性较好，适用于较长的文本段落，也可用于标题。

（4）黑体

线条粗细相同，结构合理，没有浪费空间；较小字体级数时宜采用。

（5）细黑

只适宜做标题性文字。

（6）手写体

手写体适用于标题和广告性文字，长篇文本段落和小写字体不宜使用，应避免在同一页面中出现2种不同的手写体，由于其形态鲜明，很难形成统一的风格，容易使界面混乱的视觉形象。

对于正文来讲，一般情况下，尽量不要调整太大幅度的字体粗细，那样有可能会造成可读性的降低，因此还是用标准的正文文字比较好。

3. 字号对网页页面的影响

文字字号的大小控制了页面的形象。大标题带给浏览者有力、活跃的印象，缩小标题则较为纤细、缜密。同时文字大小的对比也会影响浏览者印象，标题文字的大小与正文之比称为跳动率，跳动率越大则画面越活跃，反之则显稳重。

文字大小可以用不同方式来计算，如磅（point）或像素（pixel）。因网页需要通过显示器来阅读，所以建议采用像素为单位。

大标题或需重点强调的部分选用较大字体，而较小字体可用于页脚和辅助信息。小字号容易产生整体感，但可读性差。一般网页正文选择12～16像素大小的文字。

4. 字距与行距对网页页面的影响

一般情况下，接近字体尺寸的行距设置比较适合正文。行距的常规比例为10：12，即如果字体字号为10像素，则行距应设为12像素。适当的行距会形成一条明显的水平空白，以引导浏览者的目光，而行距过宽会使文字失去较好的延续性。

除了对可读性有影响，行距本身也具有很强的设计表现力，为了加强界面的装饰效果，可以有意识地加宽或缩窄行距，但一般不超过字高的200%。

（二）网页排版

1.版式设计中的视觉因素

视线移动规律有2条：①视线沿水平方向运动比沿垂直方向运动快而且不易疲劳；②视线的变化习惯为从左到右、从上到下和按顺时针方向运动。

根据以上规律可以得出2点关于网页排版的方法：

（1）重要信息置于“最佳视觉区域”

最佳视觉区域是指在画面中注意力价值最大的区域，图6-1所示为4种用户视线移动规律情况说明图，图中数据是用户视线在该位置停留时间占用户查看整体界面所需时间的百分比，数据越高，该位置的视觉区域越优，越适合放置重要信息。

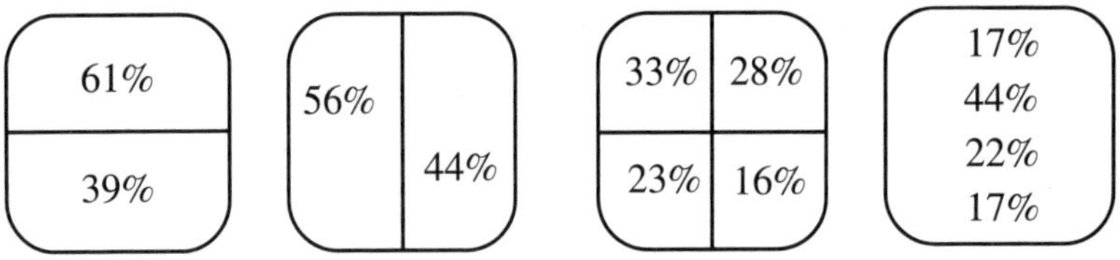

图6-1　视线移动规律情况说明

（2）避免视觉疲劳

网页整体的排版需要进行仔细的设计，为避免浏览者在浏览页面时感觉到混乱从而产生疲劳感，设计者可以通过限制网页长度、使用大小适中的文字、合理设置行距、调整布局元素位置一致（按照阅读习惯，固定导航的位置）、适量安排多媒体元素以及合理配色等方式来避免这一问题。

2.版式构成的类型

（1）骨骼型

网页版式的骨骼型是一种规范的、理性的分割方法，类似于报刊的版式。常见的骨骼有竖向通栏、双栏、三栏、四栏和横向通栏、双栏、三栏和四栏等。一般以竖向分栏为多。这种版式给人以和谐、理性的美。几种分栏方式结合使用，既理性、条理，又活泼而富有弹性。

（2）国字型

口字型、同字型、回字型均可归属于此类，是一些大型网站运用的类型，即最上面是网站的标题、导航以及横幅广告条，接下来是网站主要内容，左右分列一些小条内容，中间是主要部分，与左右一起罗列到底，最下面是网站的一些基本信息、联系方式、版权声明等。

（3）拐角型

“匡”型布局或“T”型布局可归于此类，“匡”型布局中，常见的类型有上面是标题与导航，右侧是展示图片的类型和最上面是标题及广告，左侧是导航链接的类型。

（4）框架型

框架型版式常用于功能型的网站，如邮箱、论坛、博客等。框架型可分为左右框架型、上下框架型和综合框架型。

（5）封面型

一般出现在网站的首页，大部分为一些精美的平面设计结合一些小的动画，放上几个简单链接或者仅是一个“进入”的链接。常用在企业网站和个人主页，处理得好，会给人带来赏心悦目的感觉。

（6）分割型

整个页面分成上下或左右2部分，分别安排图片和文案。2个部分形成对比：有图片的部分感性而具活力，文案部分则理性而平静。水平、垂直的分割构成会把页面划分成若干视觉区域，促使浏览者的视线进行阶段性的流动，造成视线流程的节奏性和明显的顺序性。

（7）中轴型

中轴型版式，是沿页面的中轴将图片或文字作水平或垂直方向的排列。水平排列的页面，给人以稳定、平静、含蓄的感觉。垂直排列的页面，给人以舒畅的感觉。这种版式常用于首页的设计。

（8）倾斜型

页面主题形象或多幅图片、文字作倾斜编排，造成页面强烈的动感和不稳定因素，引人注目。这种版式常用于网络广告中。

（9）对称型

一般采用相对对称的手法，以避免呆板，左右对称的页面版式比较常见。四角型也是对称型的一种，是指在页面四角安排相应的视觉元素。

四个角是页面的边界点，在四个角安排的任何内容都能产生安定感。控制好页面的四个角，也就控制了页面的空间。越是凌乱的页面，越要注意对四个角的控制。这种版式常用于网络广告中。

（10）焦点型

焦点型的网页版式通过对视线的诱导，使页面具有强烈的视觉效果。

（三）网页色彩

1. 色彩的效应在网站中的应用

色彩的效应可以分为生理效应和心理效应2部分，我们将2种色彩效应综合应用于网页设计中，指导设计工作。根据前文理论知识，网页设计中的色彩可分为4个方面进行分析。

（1）网站整体色调

支撑整个网页的色调，起到决定整个画面表达效果的作用。

（2）主色

主色是指页面色彩的主要色调，即色彩的总趋势，其他的配色不能超过该主要色调的视觉面积。

（3）辅色

仅次于主色调的视觉面积的辅色调，其作用是烘托主色调、衬托主色调，起到融合主色调的作用。

（4）背景色

衬托环抱整体的色调，起到协调、支配整体的作用。

2. 网页配色准则

（1）均衡

对于网页的配色，建议遵循总体协调局部对比的原则。也就是说网页的整体色彩效果在视觉上应该是和谐舒适的，在局部和小范围内进行色彩对比起到点睛之笔的作用。这样的设计准则不但可以避免网页色彩过于单调，也可以保持网页的整体风格。

（2）韵律

网页配色不仅是一项技术工作，而且是一项具有艺术性的工作。因此，在网页的配色过程中不仅要遵循设计准则，还应使得网页的整体具有艺术性，要有韵律美，避免网页设计过于单一而影响美观性。

（3）渐变

在网页配色时，可采用渐变配色，利用同一色系进行不同纯度或者不同明度的颜色渐变，形成过渡的画面，这样可以使得网页具有整体性，同时还有设计感，让阅览者在浏览页面时有一种轻松的感觉。

（4）强调

强调配色的主要作用是用来提示浏览者主要信息。在浏览过程中可以直接明了地看到想要搜索的关键点，节省了很多时间，同时也能够点缀整个网页界面。

3. 网页色彩设计注意事项

网页设计的最终目的是发挥出内容的核心作用，这也是网页设计的根本原则。因此，在进行网页色彩设计时，配色方案需要突出所呈现的内容；此外配色方案所针对的对象是画布，而不是图片。Photoshop、Sketch等软件在创建设计的过程中往往是相互独立的，这就造成有些版面设计单独拿出来看还不错，也能被用户所接受，但当它真正被设计成网站时就会因为配色不协调等问题使得用户很难快速找到想要寻找的东西。相反，有很多优秀的网页设计，看上去空荡荡没什么内容，实际上设计者在设计过程中将配色和内容紧密相连，给用户带来舒适的整体感。

在网页配色设计中，可以采用下面,2种方法，使配色方案更加美观、易于接受。

（1）选择简单的颜色作为网站的基调

网站的配色基调可以选择无数种颜色，不过笔者更建议采用最简单的颜色，比如白色/浅灰色与深灰色的搭配文字背景。

当前许多热门的网站、模板、主题都会选择白色或浅灰色与深灰色搭配。这样的搭配对用户而言提高了网页内容的可读性，并且突出强调了设计者希望用户看到的图片和内容。

（2）只选择一种颜色突出显示

有多种不同色调的配色方案绝大多数都是有问题的。网页配色用得越多，网站页面就越来越难以控制。所以，在网页以灰色为基调的前提下，设计师最好只选择一种鲜艳的颜色来装饰突出显示需要强调的内容，比如标题、菜单、按钮等。网页设计中可以采用的高亮颜色可以是蓝色、红色、绿色等。

第三节 移动端交互界面设计

一、认识移动终端交互界面

（一）什么是移动终端交互界面设计

近年来随着信息技术与计算机技术的迅速发展，网络的普及化，人机交互界面设计和开发成为非常热门的新方向。不仅电脑端的交互界面设计越来越普及和完善，基于移动终端的交互界面设计也成了交互设计领域的新宠。移动终端交互界面设计是指可移动的操作设备及系统的用户界面（UI）中的人机交互、操作逻辑、界面美观的整体设计。主要指的是平板电脑、手机等可移动设备的用户界面设计，鉴于现在普遍使用的手机及平板电脑终端有苹果iOS、安卓Android两大主流移动终端系统，所以关于移动终端的交互界面设计都是围绕此两大系统展开的。①

置身于操作系统中人机交互的窗口，设计师必须基于操作系统的物理特性和软件的应用特性进行合理的设计。优秀的移动终端交互界面设计不仅能让软件变得有个性、有品位，还能让软件的操作变得更舒适、简单、自由，充分体现软件的定位和特点。随着手机移动设备不断普及，人们对手机设备的软件需求越来越多，手机移动操作系统厂商正在不约而同地建立手机设备应用程序市场，如Apple的App Store，给手机的终端用户带来了大量的应用软件。这些软件良莠不齐、界面各异，手机的终端用户在众多应用的使用过程中，最终会选择界面视觉效果良好，且具有良好体验的应用软件留在自己的手机上长期使用。面对用户对手机用户界面的要求，手机交互界面设计师如何满足用户要求，如何使自己设计的软件盈利呢？手机界面不同于网页和窗体应用的界面，手机UI设计师需要将众多的信息放在小尺寸屏幕里，这无疑是一个巨大的挑战。

---

①王巍.移动终端交互界面设计[M].长沙：湖南师范大学出版社，2019：15.

（二）移动终端交互界面设计的特点

移动终端交互界面设计就是将移动通信和交互界面设计二者结合起来，成为一体。“小巧轻便”及“通信便捷”2个特质决定了移动终端交互界面设计与普通交互界面设计的不同。

1.移动终端的高便捷性

移动终端交互界面设计可以随时随地伴随在使用者身边。这个特点决定了人们使用移动设备进行上网、互通等活动时，移动设备可以给用户带来无可比拟的优越性，即沟通与资讯的获取远比传统设备迅速和快捷。手机时代改变了人们的阅读习惯、娱乐习惯甚至生活习惯。除了面对面的沟通，大部分时间人们都在利用电脑、移动手机和移动平板电脑进行工作、交流和娱乐，这是移动终端高便捷性给用户带来的习惯的改变，这种高便捷性也为移动终端交互界面设计奠定了最基本的设计原则，即所有的设计必须同时满足时效性和功能性。人们使用平板电脑选购并阅读图书，使用平板电脑玩赛车游戏，这都取代了传统阅读和传统娱乐方式。移动终端的高便捷性要求交互界面设计师充分考虑到界面设计需要适应不同的应用场景以及移动终端的携带便利性，这样就可以设计出通过旋转设备让赛车转变方向或俯仰设备产生刹车效果之类的游戏交互体验。

2.移动终端的应用轻便性

除了正式的讨论，在大部分的日常休闲社交中，大多数人会选择使用语音通话来进行沟通。包括很多中老年人在内的大部分人都在使用即时通信软件微信，即使不会拼音或者五笔打字工具，也可以使用微信的语音传输功能进行信息互换和视频聊天。移动设备通信的基本功能展示了移动设备方便、快捷的特点。受制于移动终端设备的尺寸，移动通信用户不习惯于长期在移动设备上采取复杂的类似PC输入端的操作。用户的手指宁愿使用别扭的肢体语言去控制设备，也不愿意在巴掌大小的设备上去输入汉字或字母进行长时间的沟通，更不用说输入长篇幅的文章。所以移动终端的应用轻便性，要求交互界面设计师充分考虑到交互界面设计与肢体语言之间的结合。例如近期走红的视频类社交App“抖音”推出的互动功能就是通过一键式交互，在不采用任何键盘输入行为的过程中完成事件分享，并且通过脸部智能识别在人物脸部或者身体上添加卡通道具的方式来增加体验感。

（三）移动终端的指端触摸式交互特点

移动终端交互界面设计中另一个重要的特点就是指端触摸式交互特性，下面将从重复与循环动作、连贯动作和关键动作方法、夸张的界面特征以及预期原则这4个方面来解读移动终端交互界面设计中指端触摸式交互特性。

1.重复与循环动作

循环动作原则就是用来描述一个物体的不同部分是如何按照不同的频率进行运动的。如果能精确描述出其运动方式，即使运动频率差异非常小也会让动态交互看起来更加真实。通常来说，在下一个动作开始之前，上一个动作都不会完全结束。对于移动端体验设计层面来说，需要多个交互界面元素整体考虑动效的重复和循环的速率，这有助于解释清楚各个交互界面元素之间的关系。

2.连贯动作法和关键动作法

大部分移动终端用到的动态交互和动效都可以用关键动作法进行绘制，关键动作法使用起来工作量较小，能满足大部分移动终端动效的表现。针对特别复杂且不常规运动动效则可以选择连贯动作法进行表现。例如手机端游戏“植物大战僵尸”便是使用关键动作法的方法进行设计的，“水果忍者”则是使用连贯动作法来描述动态运动轨迹。如“水果忍者”游戏，游戏体验的核心部分就是使用者通过手指在游戏交互界面中对弹出的水果进行连贯性的滑动，当滑动轨迹穿越水果的时候，即出现水果裂开的画面并配上相关的音效。这一连串的动作所产生的游戏体验就是利用了连贯动作法和关键动作法。

3.夸张的界面特征

在保持真实的基础之上利用夸大现实的形式展现一个更具表现力的样式，便是移动终端夸张的界面特性。考虑到移动终端的指端操作特性，设计者经常会对某一款特定的App采用夸大其功能体验的方式，让用户能够迅速做出交互反应。例如在设计拟物化风格的拍摄类App的时候，会在拍摄界面里夸大拍摄按钮的大小、材质、颜色，以及按下之后的交互特效等设计，这样可以引导和刺激用户按下按钮，增加用户与软件的互动。当然，在移动端体验夸张的原则时，也需要对其界面整体进行控制。一个交互场景中如果有过多的元素，运用夸张原则时就需要考虑各个元素之间的平衡，避免某个元素过于夸张而让用户对整体场景感到迷惑从而失去交互可控性。iPad从各软件页面返回Home页面以及打开App时放大的页面转换动效也是夸张手法的一种，这让打开App的过程更轻松愉悦。

4.预期原则

预期原则在移动用户体验领域中同样适用。预期原则就是让用户有一种即将发生什么的预感。例如，这个原则可以用在"闪屏"交互界面的视觉设计中，也可以用在不同体验的过渡环节中，还可以用来帮助增加手势动作的可见性。总体来说，预期原则可以为元素在界面中将要运动的速度和方向以及接下来需用到的手势提供线索。智能手机中相机软件的开机画面及动效便是典型预期原则手法的体现，屏幕上缓缓闪开的快门描述了用户在进行拍照前需要准备好的心理状态，让使用者预期进入拍摄状态。

移动终端的指端触摸式交互的重复与循环动作、连贯动作和关键动作方法、夸张的界面特征，以及预期原则的特点是移动终端交互界面设计需要考虑的重要因素，关系到交互界面设计元素的配置与动效设定，也是用户进行交互体验的基本前提。

（四）交互界面设计的三大风格

移动终端交互界面设计根据设计画风基本上可以分为拟物化风格、扁平化风格和插画风格。

1.拟物化风格

拟物化风格，是Skeuomorphism的直译，也叫隐喻设计或者拟物化设计。软件界面设计模仿实物真实的纹理或者肌理效果，被称为Skeuomorphism的概念。行业标杆苹果公司最先提出了隐喻设计的解释，《iOS Human Interface Guidelines》里这样解释隐喻对体验的影响：当应用中的可视化对象和操作按照现实世界中的对象与操作仿造，用户就能快速领会如何使用它。举例来说，移动终端软件中的许多相机类应用App，其交互界面设计都类似于实物相机，如阅读类的App常引入报纸的概念，尝试类似纸张翻页的体验，让用户得到一种心理上的共鸣。像这样的例子还有很多，它们的共性是设计者通过对人们记忆中的情景重组加工，创造新情境，使隐喻建立在其丰富外延的准确表达上，创造旧有经历与新体验的联系。在产品设计中引入了类似现实世界感受的设计，寻找心理共鸣。因此，拟物化设计名为拟物，意图拟情，也可算作情感化设计的一种具体设计手法。

拟物化隐喻设计的分类，从宏观来看，目前大致有2种：

第一种是普通隐喻，即对旧有事物或习惯的借用再设计。第二种是完全复刻的拟物化设计，即对旧有事物的原模复制。

界面隐喻则分为3类：空间性隐喻、实体性隐喻、结构性隐喻。

空间性隐喻，即指直接引用用户对现实生活中的物理空间经验或概念来解释与之相似的概念。在手机或平板电脑中，通过手势或硬件对游标的上下或左右的拖动操作来模拟空间中的移动，如在拟物化的音乐DJ台中，将音量调节按钮旋转的方向设置为与实物一致的，这样可以减少用户对软件的陌生感。

实体性隐喻，即指隐喻中的载体源于现实生活中已经熟悉的概念或存在的物体，这也就是常在移动产品设计中能看到的拟物。

结构性隐喻，是指隐喻中的载体主要用于反映主题的结构信息，它是在实体性隐喻基础上更侧重于载体的结构信息。因此，它的载体不仅是用户已知的物体或概念，同时，用户对该物体或概念的组织结构也很熟悉，即对它的过程和元素很熟悉。

移动产品引入拟物化界面设计的原因，有以下几点。

首先，从移动互联网产品的特性上来说，用户没有很多完整、大块的时间能用在研究和把玩产品中。移动产品占据了用户很多碎片时间。因此，简单明了、清晰易懂，是一个合格产品的基本特性。设计者追求的好的目标，即让用户在最短时间内弄懂产品怎么用。怎么用，是接近产品的第一道门槛。

其次，从人的客观生理条件来说，人对信息的处理、学习和记忆能力都是有限的。现实生活中，又经常受到客观因素的影响，比如所处环境、注意力的集中程度等限制。所以有效地降低用户的操作成本和学习负担能够使产品易于被用户接受和认可。在使用的过程中，要让用户减少思考和寻找。这就是移动产品的第二道门槛：在哪里、是什么，即为快速浏览需求。当用户访问页面时，通常靠浏览去尽可能快地找到想要的东西，因此“形象化（拟物化）”被用来加快这个过程。设计者可以采用熟悉的形式或图像，去更快地解释很多东西。这也就解释了为何在有叹号或黄色红色的地方可以很快地意识到这里是出现了错误或者得到了某种警示。

在人与机器打交道的过程中，用户期待的不是冰冷的交流，而是有感情的交流与互动。拟物能为理性的科技穿上感性的外衣。这也是拟物化风格存在这么多年并广泛应用的原因。

2.扁平化风格

扁平化设计风格是指在设计中不使用材质、阴影、渐变等仿真的视觉效果，取而代之的是简单的色块和平面图形，运用抽象化、简单化的符号设计元素表现。扁平化风格界面简约并且抽象，具有真实的设计元素、明亮的色彩、简约的字体、适当的留白、尽量简单的层级关系，能够有效传输信息或强调产品中心思想。其重点在以纯色块面和图形来替代拟物化模仿真实物体的设计，扁平化设计可以用更加简单直接的方式把使用者需要的信息展现出来，这不但节省了资源，更使用户能够快捷方便地进行交互。这样的界面设计风格简约、真实、精简，非常适合小屏幕，特别是手持移动设备。

扁平化风格设计最初出现在网页设计中，微软公司最初设计的用户界面是最早出现在公众视野中的扁平化设计。与当时的iOS系统应用不同，Metro风格并没有拟物化设计风格的阴影、渐变、纹理和材质感，取而代之的是由简单的平面图形组成的色块与突出的文字信息。随后微软公司推出的Windows 8操作系统和Windows Phone操作系统则广泛地应用了这一扁平化设计。在苹果公司推出的IOS 7系统之后，扁平化设计就成为移动终端设备交互界面设计的主流设计风格。

扁平化界面设计在视觉上使用的都是三角形、圆形或者多边形这种基本形状和纯色的色块，这些简单的二维图形使视觉复杂性变弱，从而使用户不会把精力过多地放在图形本身，这样便强调了信息内容。它最大的优点在于界面设计大大简化，使用户不会被烦冗的视觉效果干扰从而把更多的焦点放在实际内容上。其次，由于扁平化设计的设计元素都是矢量图形，其应用的适应度也比较高，一个版本就可以兼容不同分辨率屏幕的移动终端设备，这样不仅节约了资源，同时也大大减轻了设计师的工作量。扁平化设计与拟物化设计的区别不仅在于扁平化在视觉上看上去更扁更平，在内容、功能以及信息架构上都与拟物化设计有很大区别。在内容方面，扁平化设计抛弃或隐藏了一些不重要的内容信息，把主要的内容保留在了一级界面上，而把一些用户不常用或是相对不重要的内容放在了二级界面或其他层级的界面中。这样的设计使得用户对于一级界面能够有充分的把握，不被次要的信息干扰，提高了使用者的使用率，提升了用户的交互体验。在功能方面，扁平化设计同样省去了不重要的功能，使功能界面一目了然，同时也节省了用户在所有功能中找到某一功能这一过程的时间。在信息架构层面上，扁平化设计对信息的层级进行了缩减，形成了较少的信息层级关系，这使得用户通过较少的跳转或操作就能找到想要的信息。这不但方便了用户的使用，还节省了用户的时间和流量。

扁平化相对于拟物化来说需要对此软件的原型有一定的认识，如初次使用移动终端设备的儿童或互联网方面知识储备量不足的老人，这些用户在使用扁平化设计风格的移动终端设备时，可能会产生认知障碍，因为扁平化界面设计风格相对于拟物化设计风格来说更抽象，这些抽象的色块并不能使初学者用户产生对现实世界的联想，这也是扁平化设计风格的局限所在。

3.插画风格

插画风格主要以卡通的形式呈现，卡通的出处是来自英语“cartoon”的音译，通常是指动画片中的形象。关于其来源有2种说法，一种是法语中的“carton”(图画)；另一种是意大利语中的“cartone”(纸板)。美术教育专家从美学的角度把漫画、卡通和连环画定义为“以有目的的顺序来并列放置的图片或者其他形象，准备向读者传达一种信息或者让读者产生审美的反映”。纸本上的卡通化风格大多是从大众卡通中提取形式语言的，并以此作为自我表达的方式。大众卡通语言形式的最大特点在其形象的夸张、叙事方式的多变，以及其中蕴含的丰富想象力和创造力。而这些卡通艺术家在成长过程中也大多常接触大众卡通艺术，卡通成了他们的集体回忆，也深深地影响着其文化和性格建构。

因而，在卡通艺术作品中我们也可以很清晰地看到那样的图示语言和表达方式。这种在年轻人群中迅速蔓延的新的艺术视觉风格也渐渐占据了移动终端交互界面领域，多种卡通插画风格体现在了不同领域的App中。特别是在互联网产品十分丰富的现在，这种趋势诞生的背景是视觉化时代的来临，读图时代正在慢慢取代传统的文字阅读时代。卡通风格相较拟物化风格和扁平化风格有其独特的风格和个性，可以根据移动App的功能和主题给其指定符合其风格的卡通交互界面，例如儿童早教类应用App则可以使用可爱式的卡通风格、年轻人使用的潮牌购物类应用App则可以使用轻涂鸦式的卡通风格交互界面等。

插画风格在移动终端交互界面中的使用范围非常广泛，是未来交互界面发展的很重要的风格走向。儿童类以及青少年类的移动终端应用App设计风格已经被插画风格所占据。而很多以成年人为消费群体的主题性应用App也会依据其主题的不同，采取不同种类的插画风格。另外，就算是拟物化风格App和扁平化风格App，其软件的开机画面也大多使用插画风格的画面，将丰富多样的插画风格运用于开机画面能够提升用户的第一印象，提升用户留存率。

二、移动终端主流平台

所谓移动平台，就是移动设备上的操作系统，它是安装各个应用程序的载体。由于最初主要是建立在移动通信功能的基础上，因此又称为移动通信平台，它一般由移动终端、移动通信网络和数据中心组成。移动终端主要指智能手机、平板电脑、便携式计算机等，移动通信网络包括电信通信网络和移动互联网，数据中心一般由信息平台、用户管理平台和中心数据库组成。目前，市场上的移动平台种类很多，但最主流的主要有2个，也就是苹果公司的IOS平台、Google公司的Android平台，我们将其统称为两大平台。本小节将对两大移动终端主流平台进行简单介绍。

（一）IOS平台

IOS平台是由美国苹果公司开发的移动设备操作系统。苹果公司最早在2007年1月9日的Macworld大会上公布了这个系统。它最初是设计给iPhone手机使用的，因此当时命名为iPhone OS，后来陆续套用到iPod Touch、iPad，以及iPad mini等苹果移动产品上，在2010年6月7日的WWDC大会上宣布将其改名为IOS。

IOS拥有许多非常优秀的应用和功能，比如说以全新角度呈现的地图应用，可以通过语音来发送信息的siri功能，带有iCloud超强分享功能的照片浏览应用，高效管理和使用各种票据、卡片的Passbook，Face Time视频电话，全新的邮件功能和Safari网络浏览器等。更多的应用程序、影音文件及书刊报纸还可以通过iOS官方的应用商店iTunes Store、App Store和iBook store购买和下载安装。通过iCloud服务，你的预览历史记录会在你所有的设备上保持更新。因此，你可以在iPhone上购物，然后在iPad上继续而不必退出使用中的应用。

iOS的用户界面非常严谨，同时带有创新精神。在界面上，我们可以使用多点触控直接操作。控制方法包括滑动、轻触开关及按键。与系统的交互包括各种手势，如滑动、轻按、挤压及旋转。此外，通过其内置的加速器，用户可以在竖屏和横屏之间切换，这样的设计使iOS平台的移动设备更便于使用。屏幕上方是状态栏，能显示时间、电池电量和信号强度等相关数据。其余的屏幕面积用于显示当前的应用程序。启动iPhone应用程序的唯一方法就是在屏幕桌面上点击该程序的图标，退出程序则是手指在屏幕上向上滑动。不管它是否在运行中，当第三方软件收到了新的信息时，苹果的服务器将把这些通知推送至iPhone、iPad或iPod Touch上。在iPhone上，许多应用程序之间无法直接调用对方的资源。然而，不同的应用程序仍能通过特定方式分享同一个信息。

iOS应用程序丰富，几乎每个分类中的应用都有数千款，而且每款应用都很精美。这是因为苹果公司为第三方开发者提供了丰富的工具和API，从而让他们设计的应用能充分利用每台iOS设备蕴含的先进技术。所有App都集中在一处，只要使用你的Apple ID，即可轻松访问、搜索和购买这些应用。iCloud可以存放照片、应用、电子邮件、通讯录、日历和文档等内容，并以无线方式将它们推送到你所有的设备上。如果你用iPad拍摄照片或编辑日历事件，iCloud能确保这些内容也会出现在你的Mac、iPhone和iPod touch上而无须你进行任何操作。

（二）Android平台

Android操作系统最初由Andy Rubin开发，当时只是针对手机而开发的，2005年8月被Google收购并注资。2007年11月，Google与84家硬件制造商、软件开发商及电信运营商组建开发手机联盟，共同研发改良的Android系统。随后，Google以Apache开源许可证的授权方式，发布了Android的源代码。2008年10月，第一部Android智能手机发布。如今，Android已经逐渐扩展到平板电脑及其他领域上，如电视、数码相机和游戏机等。

Android一词的本义指“机器人”，因此它的Logo是一个绿色的机器人。此外，绿色也是Android的标准色。

作为普及性最广的移动平台，Android系统的优势很多，具体如下所示。

开放性：Android开发平台允许任何移动终端厂商加入Android联盟中来，这个优越的开放性使得Android拥有了更多的开发者。

不受束缚：我们知道，在移动通信早期很长的一段时间里，特别是在欧美地区，手机应用往往受到运营商制约，使用什么功能接入什么网络，几乎都受到运营商的控制。自从2007年iPhone上市后，用户可以更加方便地连接网络，运营商的制约减少。随着3G、4G至5G移动网络的逐步过渡和提升，手机已经完全可以随意接入网络而不受运营商的约束。

丰富的硬件设备：Android平台拥有丰富的移动设备硬件产品，这一点还是与Android平台的开放性相关。由于Android的开放性，众多厂商会推出造型规格丰富、功能特色各异的移动产品。功能上的差异和特色，却不会影响到数据同步、软件兼容以及资料的转移。

方便开发：Android平台提供给第三方开发商一个十分宽泛、自由的环境，不会受到各种条条框框的阻挠。可想而知，在这样宽松的环境下会诞生多少新颖别致的移动应用软件。

三、移动终端交互界面设计的基本流程

移动终端交互界面设计一般来说分为两大步骤：首先是原型设计，其次是视觉设计。原型设计是为了制定应用程序的整体结构，既包括功能结构也包括视觉设计结构，这个步骤是交互设计的基础和核心环节。视觉设计环节就是在原型设计的框架下进行界面优化的过程。

（一）原型设计

原型设计是帮助我们更细致地思考，做出各项需求的评估过程，同时也是将自己脑海里的想法进行输出的一种方式。它将结构化的需求进行框架化，因此原型也被称为线框图，具体的表现手法有很多种，相关的辅助软件也有很多，例如：PS、axure RP、Balsamiq Mockups、UI Designer等。通过原型设计后，我们就可以进行产品宣讲，相比较于抽象的文字描述，原型则更加直观地展现了产品的需求，设计师、软件工程师或者产品经理能够更加直

观地了解产品意图。原型设计是交互设计师与PD、PM、网站开发工程师沟通的最好工具。交互设计以用户为中心的理念会贯穿整个产品，利用交互设计师专业的眼光与经验给予该产品可用性。

原型设计的表现手法主要有3种：手绘原型、灰模原型、交互原型。从工作效率的角度考虑，建议先通过手绘的形式快速在草稿纸上绘制出产品的原型，推演和讨论方案的可行性。当方案的可行性被验证之后，再根据个人习惯或团队要求，通过软件工具进行更深入的设计。

1.手绘原型

原型也被称为线框图，因此手绘是最简单直接的方法，也是最快速地表现产品轮廓的手法。手绘原型在初期验证想法时非常高效，也方便讨论和重构，同时也适合敏捷开发时快速做出原型。此形式比较便捷，是交互设计师常用的原型设计表达形式。

手绘原型有以下几种优势：

第一，趣味性很高。手绘原型速度很快，并且有足够的趣味性。如果手绘过程很痛苦，而且画得很慢的话，那肯定是整个原型设计流程出了问题。一定要快速重复和迭代草稿，一般而言只需要几分钟就可以完成简单的原型设计。

第二，成本低。手绘原型一点也不贵，基本的工具只需要纸和笔。相比之下，数字原型设计工具虽然价格不等，但基本上大多数工具都需要一次性购买或者按期订阅。

第三，精力消耗少。如果通过数字工具花几个小时设计一个原型，放弃这个原型想法的时候多多少少都有点不舍得。但是如果用手绘原型的方式，只需要几分钟就可以重新画一个草图。

第四，更忠实有效地反馈。手绘原型的另一个好处则是其草图概念。这些草图一看就知道只花了很短时间就完成了。

因此，相比于数字工具做出来的精细设计稿，手绘原型图能收到更加忠实有效的批评反馈，有利于团队建设。因为手绘原型不需要太多特殊技巧，无论什么背景的团队成员都可以参与到这个过程中，所以很容易将原型设计变成团队活动。

2.灰模原型

灰模原型是由图形设计软件制作而成，最常用的软件是Photoshop和Fireworks，相对于手绘原型而言，灰模更加清晰和整洁，也更适用于正式场合PPT形式的宣讲。灰模原型也可以称之为平面原型，所以如果不会使用图形软件也可以使用axure RP设计，相比于交互原型，灰模原型只是缺少交互效果，仅仅是将产品需求以线框结构的方式展示出来，让产品需求更加规整直观地展现。

3.交互原型

交互原型是使用原型设计软件完成的原型，常用软件是axure RP，通常情况下交互原型的设计要早于产品需求文档，是产品经理想法推演的重要一步。通过axure RP、Adobe XD之类的交互原型软件制作出来的产品原型，在功能需求和交互需求的表现上，几乎和正式产品是一致的，所以有时交互原型也被称为产品Demo版。一般而言，交互原型由产品经理与交互设计师共同讨论确定，然后交给交互设计师制作，但是绝大多数的公司是没有交互设计师这个职位的，因此这类工作最终由产品经理来负责。

就Adobe XD而言，此软件所创建的交互式原型能够直观地展示如何在屏幕或线框之间导航。可以进行预览交互，验证用户体验并对设计进行迭代，从而节省开发时间；放大/缩小并查看原型特定部分的细节；还可以录制交互过程并与利益相关者分享，以获取他们的反馈。

以上3种方法并不是渐进的流程，而是3种原型设计的方法，具体取决于产品需求和团队要求。对于产品经理来说，原型设计是为了帮助我们细致地考虑方案，并论证方案的可行性，同时也是为了产品宣讲时让听众能够清晰直观地了解产品，避免抽象的语言描述导致听众理解困难和理解偏差。产品原型也是为了确保产品在执行过程中准确按照产品经理最初设想的需求和期望完成，因此产品经理的原型是没有很高的要求的，只要对方能够听懂看懂就可以了，所以使用手绘原型是效率最高的方法。而对于交互界面设计师来说，原型设计的完善程度将直接影响到视觉设计的最终呈现，因此交互界面设计师在理解了产品架构之后必须花足够的精力使用绘图软件来完善原型设计，为接下来的视觉设计奠定基础。

（二）视觉设计

视觉设计是对原型设计的美学提升。通过色彩、质感、肌理、交互特效的设计处理，得到让消费者为之感叹的完美画面。

在App设计中的高保真原型设计完成之后，需要对原型进行视觉设计。原型设计所呈现出来的视觉效果可以理解为界面线框图，或者有黑白灰色块的灰模原型，而视觉设计的任务就是将此灰模原型设计制作为有色彩、质感、肌理、交互特效的界面。

App界面设计提倡有质感、有仿真度的图形界面，并让App的界面设计尽量接近用户熟悉或者喜欢的风格。由于移动设备的关系，设计上应尽量保持简洁，若非必要就不要放上华丽的图形或其他信息去吸引用户，我们需要让信息一目了然，使用户能够充分理解产品信息和更加简便地运用产品。

在App设计中ICON（图标设计）将决定App在STORE中的辨识度，可以先从简单的轮廓和核心创意开始。除非有必要，否则你的ICON最好不要包含文字，并且尽量使用与App图形界面一致的材质和渐变。在完成了交互界面设计的视觉设计之后，交互界面设计师已经基本完成了产品交互界面的设计工作，接下来需要根据前端需求对所做的视觉界面进行切片，然后将切片文件以及界面设计文件打包提交给软件工程师，完成交互界面设计的工作。

参考文献

[1] 张靖瑶.数字媒体交互设计[M].北京：人民邮电出版社，2023：3.
[2] 刘姝铭，侯玥.数字媒体交互元素设计[M].北京：高等教育出版社，2014：6.
[3] 梁炯，蒋晓冰.数字艺术交互设计[M].北京：文化发展出版社，2022：30.
[4] 付晓东，荆俊红.多媒体技术理论及其应用[M].北京：九州出版社，2018：35.
[5] 陈洪，李娜，王新蕊，等.数字媒体技术概论[M].北京：北京邮电大学出版社，2015：50.
[6] 朱晓伟，谭治云，单杰.数字媒体技术与应用[M].上海：上海交通大学出版社，2018：45.
[7] 朱云.数字媒体创意设计思维[M].上海：同济大学出版社，2020：80.
[8] 廖国良.交互设计概论[M].武汉：华中科技大学出版社，2017：43.
[9] 夏孟娜，赖亮鑫.交互设计创造高效用户体验[M].广州：华南理工大学出版社，2018：69.
[10] 范博乐.交互可视化中视觉元素的信息传递效率研究[D].北京：北京邮电大学，2023：15.
[11] 黄秋野，周晓蕊.互动媒体设计[M].南京：东南大学出版社，2011：70.
[12] 宫晓东，边鹏，魏文静.交互设计[M].合肥：合肥工业大学出版社，2016：21.
[13] 刘伟.高等院校工业设计类“十二五”规划教材 产品交互设计[M].青岛：中国海洋大学出版社，2016：37.
[14] 荀锐.人机交互设计美学[M].成都：西南交通大学出版社，2021：91.
[15] 王欢.交互界面设计中情感因素的实践分析[J].鞋类工艺与设计，2024，4（02）：51-53.

[16] 曾奕宸.数字媒介下字体交互设计的情感化研究[J].美术教育研究，2023（24）：93-95.
[17] 周晓蕊，王建民.交互界面设计[M].上海：同济大学出版社，2021：31.
[18] 李娟莉.高等学校设计类专业教材 现代人机交互界面设计[M].北京：机械工业出版社，2022：65.
[19] 王巍.移动终端交互界面设计[M].长沙：湖南师范大学出版社，2019：15.
[20] 陶薇薇，张晓颖，石磊，等.人机交互界面设计[M].重庆：重庆大学出版社，2016：3.
[21] 张贵.体感交互及其游戏的设计与开发[D].广州：华南理工大学，2014：10.
[22] 蔡小龙.增强现实中的手势交互系统研究与设计[D].重庆：重庆大学，2018：13.
[23] 刘冉.虚拟现实艺术与交互设计研究[M].北京：九州出版社，2021：95.